建 筑 力 学

贾 影 主编

国家开放大学出版社 · 北京

图书在版编目（CIP）数据

建筑力学／贾影主编．—北京：国家开放大学出
版社，2020.1（2020.11 重印）

ISBN 978-7-304-10115-2

Ⅰ.①建…　Ⅱ.①贾…　Ⅲ.①建筑科学–力学–开放
教育–教材　Ⅳ.①TU311

中国版本图书馆 CIP 数据核字（2019）第 276461 号

建筑力学

JIANZHU LIXUE

贾　影　主编

出版·发行：国家开放大学出版社

电话：营销中心 010-68180820　　　　总编室 010-68182524

网址：http://www.crtvup.com.cn

地址：北京市海淀区西四环中路 45 号　邮编：100039

经销：新华书店北京发行所

策划编辑：王　普　　　　　　　版式设计：李　响

责任编辑：邹伯夏　　　　　　　责任校对：刘　鹤

责任印制：赵连生

印刷：三河市骏杰印刷有限公司

版本：2020 年 1 月第 1 版　　　　2020 年 11 月第 2 次印刷

开本：787 mm×1092 mm　1/16　　印张：14　字数：309 千字

书号：ISBN 978-7-304-10115-2

定价：32.00 元

前　言

　　《建筑力学》是国家开放大学建筑工程技术专业系列教材之一，是"建筑力学"课程多种媒体教材中的主教材。本书是根据 2019 年"建筑力学"课程教学大纲和多种媒体一体化设计方案编写而成的。

　　本书按照国家开放大学建筑工程技术专业人才培养目标的实际需要，结合专业及学生特点，本着"应用为主，够用为度"的原则，将"工程力学""结构力学"两门课程的教学内容进行融合，形成了较为完整、相对简洁、由浅入深的课程体系。为帮助读者掌握知识内容，本书每章都设有相应的练习题及部分参考答案。

　　参与本书编写的人员有北京交通大学贾影教授（编写第 1 章、第 8 章），北京农业职业学院张庆霞副教授（编写第 4 章、第 5 章），国家开放大学陈丽（编写第 2 章、第 3 章、第 6 章），北京交通大学海滨学院许秀颖（编写第 7 章、第 9 章）。本书由北京建筑大学董军教授主审，北京交通大学何平教授参与了本书的审稿工作。国家开放大学陈丽负责本书的教学设计。

　　本书适合高等职业教育土建类专业教学使用，也可作为有关技术人员的参考用书。

　　限于编者水平，书中可能存在疏漏、错误和不足之处，敬请广大师生和读者批评指正。

编　者
2019 年 10 月

目 录

第1章 绪 论

学习要求

1. 了解"建筑力学"课程的任务、研究对象、学习方法。
2. 掌握变形固体及其基本假设。
3. 了解杆件结构的定义和分类。
4. 理解杆件变形的基本形式。

学习重点

变形固体及其基本假设。

1.1 研究对象和任务

1. 研究对象

土木工程结构是由各种杆件按照一定的组成规则构成的。在结构设计时，设计人员首先按照建筑使用功能进行建筑设计；然后按照建筑上所作用的荷载进行结构设计，对每一根杆件进行强度和刚度验算，以保证结构满足安全使用的要求。"建筑力学"的研究对象是组成结构的杆件和杆件组成的结构。

结构的杆件一般由固体制成，在外力作用下，固体有一定的抵抗破坏和变形的能力，且这种能力与杆件的材料特性、截面形状与尺寸、荷载作用等有关。结构正常工作状态是指各杆件均有足够的承受荷载作用的能力。因此，结构的杆件须满足以下条件：

（1）强度条件。结构中的各杆件需要有抵抗破坏的能力。

（2）刚度条件。在结构正常使用时，各杆件不应有过大的变形。结构中的各杆件需要有抵抗变形的能力。

（3）稳定性条件。细长杆件在受压时会产生弯曲现象，失去原有的直线平衡状态，视为失稳。结构中的各杆件在受压时需要有保持原有直线平衡的能力。

2. 任务

"建筑力学"的研究任务主要有以下几个方面。

（1）研究静力平衡。建筑结构应该是一个平衡体，具体表现为整体平衡和局部平衡。平衡问题是"建筑力学"的重点问题，尤其是局部平衡，即从结构中截取出的任意一部分都是平衡体。

（2）研究杆件的强度、刚度和稳定性。根据所使用的材料，设计具有合理的截面形状和尺寸的杆件，需要进行杆件的强度、刚度和稳定性计算，以保证结构杆件安全工作。

（3）整体结构的受力分析。对不同形式的结构进行受力分析，计算结构在荷载作用下的内力和位移，为结构设计提供可靠的依据。

1.2　变形固体的基本假设

在力的作用下，大小和形状保持不变的物体为刚体。事实上，任何物体受到力的作用都会发生变形，但在很多实际工程中这种变形是非常微小的，如建筑物中的梁，梁中间部位的挠度只有梁跨度的几百分之一，在分析物体的平衡问题时，这种变形的影响可以忽略不计，这样就可以把物体看成不变形的刚体，从而使问题的研究得到简化。

当研究物体受到力的作用是否被破坏时，变形就是一个主要的因素，这时就不能再把物体看作刚体，而应该看作变形体。物体在外力作用下会发生变形，故称为变形固体。变形固体在外力作用下会产生两种不同性质的变形：弹性变形和塑性变形。弹性变形是指外力消除时，变形随之消失，变形固体能恢复到原来的形状和尺寸。当外力消除后，变形不能完全消失而留有残余，残余的变形称为塑性变形。对于工程中的常用材料，在外力不超过一定范围时，其塑性变形很小，可以忽略不计，故可假设材料只产生弹性变形而不产生塑性变形。本书主要讨论材料在弹性范围内的变形及受力。

研究建筑结构中杆件的强度、刚度和稳定性时，只考虑变形固体的主要受力和变形特点，略去次要因素，故对变形固体做如下假设。

1. 连续性假设

假设构成变形固体的物质没有空隙地充满整个固体空间。实际上，构成变形固体的粒子（如原子、分子等）之间存在空隙且不连续，但这种空隙的尺度与杆件尺寸相比很微小，可忽略不计。因而可认为物质在变形固体中是连续的。依据此假设，杆件的力学参量（如内力、变形等）可表示为坐标的连续函数，从而可以采用数学方法对杆件的内力和变形进行精确的计算和分析。

2. 均匀性假设

假设变形固体中各处的力学性能是相同的，即从变形固体中取出任意一部分的力学性能都是完全相同的。而实际变形固体的基本组成部分（如金属材料的各晶粒）的力学性能并不完全相同，其基本组成部分的尺寸远远小于杆件的尺寸，且无序排列。变形固体的力学性能应是所有基本组成部分力学性能的统计平均，由此可假设变形固体的力学性能是均匀的。

"建筑力学"在研究杆件的强度、刚度、稳定性时，将其假设为连续均匀的模型，由此可以得到满足实际工程需要的分析计算结果。

3. 各向同性假设

假设材料沿任意方向具有相同的力学性能，即认为材料各向同性。该假设适用于金属、玻璃、塑料和陶瓷等材料。虽然组成金属的单一晶粒沿各向力学性能不同，但由于金属内部所含晶粒众多且随机排列，故在宏观上可将金属视为各向同性。木材、竹片等为各向异性材料，其力学性能不在本书的研究范围内。

4. 小变形假设

假设构件在荷载作用下产生的变形与构件原始尺寸相比非常小。在分析平衡和变形问题时，可以按构件原始尺寸进行计算。

1.3　杆件的基本变形

杆件在荷载作用下会产生变形，经研究发现，杆件的变形有单一的基本变形或几种基本变形的组合。杆件的基本变形有以下几种。

1. 轴向拉压

沿杆件轴线作用大小相等、方向相反的荷载，杆件轴向拉伸［见图 1–1（a）］或压缩［见图 1–1（b）］。杆件轴向拉伸或压缩的变形称为轴向拉压。

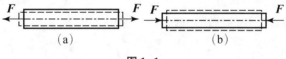

图 1–1

2. 剪切

在一对相距很近、大小相等、方向相反、作用线垂直于杆轴线的外力（称横向力）作用下，杆件的横截面将沿外力方向发生错动（见图 1–2），这种变形称为剪切。

3. 扭转

在作用面垂直于杆件轴线的外力偶矩（扭转力偶矩）作用下，杆件各横截面绕轴线发生相对转动，如图 1–3 所示。横截面绕轴线相对旋转的变形称为扭转。

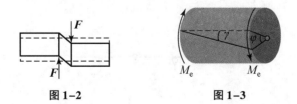

图 1–2　　　　　　　　　　图 1–3

4. 弯曲

在垂直于杆件轴线的外力或外力偶矩作用下，杆件轴线由直线变为曲线，如图 1–4（a）所示为横力弯曲，图 1–4（b）所示为纯弯曲。杆件轴线变为曲线的变形称为弯曲。

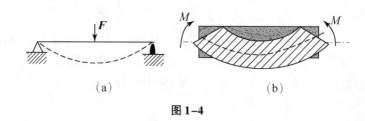

(a)　　　　　　　　　(b)

图 1-4

工程中的常用杆件也可以是以上几种基本变形的组合。分别研究杆件的基本变形，再进行组合分析是讨论杆件组合变形的基本思路。

1.4　杆件结构的分类

土木工程中，利用建筑材料按照一定的形式建成的、能够承受和传递荷载而起到骨架作用的体系称为结构。例如，房屋建筑中由梁、柱、板（包括楼板和屋面板）和基础等构件组成的体系，水工建筑中的水坝和闸门，公路和铁路上的桥梁和隧道等，都是典型的结构。

从几何角度而言，结构通常可分为三类：杆件结构、板壳结构和实体结构，本书主要讨论杆件结构的力学特性。杆件结构通常由若干根杆件联结组成，杆件的几何特征是其长度远大于横截面上其他两个方向的尺寸。

根据组成和受力特点，杆件结构一般可以分为以下几类。

1. 梁

梁是典型的受弯构件（以弯曲变形为主），其轴线通常为直线。除常见的等截面梁外，梁的截面还可以沿轴线方向发生改变，形成连续变截面梁或阶梯形变截面梁。梁的内力有弯矩、剪力和轴力。梁的组成形式有单跨梁［见图 1-5（a）、图 1-5（b）］和多跨梁［见图 1-5（c）、图 1-5（d）］。

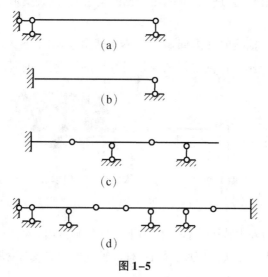

(a)

(b)

(c)

(d)

图 1-5

2. 刚架

刚架通常是由梁、柱等直杆组成的结构，杆件间的结点多为刚结点，如图 1-6 所示。刚架中杆件的内力有弯矩、剪力和轴力。

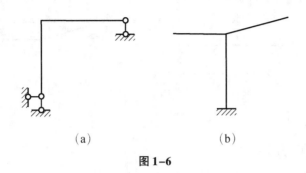

（a）　　　　　　　（b）

图 1-6

3. 拱

拱结构的轴线为曲线，在竖向荷载作用下支座会产生水平反力（推力），如图 1-7（a）、图 1-7（b）所示。水平反力改变了拱的受力特性。在跨度、荷载及支承情况相同的情况下，拱截面的弯矩远小于梁截面的弯矩。拱截面的内力一般有弯矩、剪力和轴力。

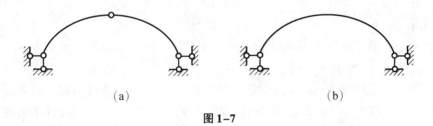

（a）　　　　　　　（b）

图 1-7

4. 桁架

桁架是由若干链杆组成的结构。当荷载作用于结点时，各杆只产生轴力，如图 1-8 所示。

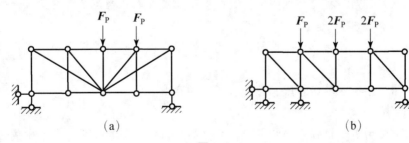

（a）　　　　　　　（b）

图 1-8

5. 组合结构

组合结构是由受弯杆件和链杆组成的结构，结构内部包含组合结点，如图1-9所示。

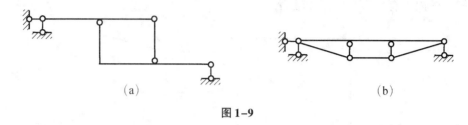

图1-9

1.5 课程学习的方法

"建筑力学"是一门重要的专业基础课，本课程为"建筑结构""地基基础""建筑施工技术"等后续课程奠定理论基础。建筑行业的施工技术、质量、现场施工管理等从业人员，只有掌握一定的力学知识，才能更好地理解设计意图与要求，才能科学地组织施工，才能更有效地采取安全施工措施，保证工程质量，避免工程事故的发生。

学习"建筑力学"课程时应注意以下几点：

（1）注重基本概念、基本理论和基本方法的理解。

（2）注意理论联系实际。多观察生活和工程实践中的各种现象，多思考所学的理论知识可以解决建筑工程中的什么问题。

（3）完成一定量的练习题。要想学好"建筑力学"，必须多做练习题，对做题中出现的错误应认真分析，找出原因；多总结归纳，理解力学的思维方法，掌握常用的解题思路。

本章小结

1. 研究对象和任务

"建筑力学"的研究对象是组成结构的杆件和杆件组成的结构。"建筑力学"的研究任务主要是研究静力平衡，研究杆件的强度、刚度和稳定性以及整体结构的受力分析。

2. 变形固体的基本假设

变形固体的基本假设有：连续性假设、均匀性假设、各向同性假设和小变形假设。

3. 杆件的基本变形

杆件的基本变形有：轴向拉压、剪切、扭转和弯曲。

4. 杆件结构的分类

杆件结构通常由若干根杆件联结组成，杆件的几何特征是其长度远大于横截面上其他两个方向的尺寸。杆件结构一般可以分为梁、刚架、拱、桁架和组合结构。

思 考 题

1. 什么是变形固体的基本假设？
2. 试举出工程实际中杆件结构的例子。
3. 杆件的基本变形有哪几种？
4. 根据组成和受力特点，杆件结构通常可分为哪几类？

第2章 建筑力学基础

学习要求

1. 掌握力和平衡的概念。
2. 掌握静力学公理。
3. 理解荷载的分类。
4. 掌握常见的约束和约束反力。
5. 掌握物体的受力分析方法，掌握单个物体及物体系统受力图的绘制。
6. 了解结构计算简图。

学习重点

1. 约束和约束反力。
2. 受力分析和受力图。

2.1 力和平衡的概念

2.1.1 力的概念

力是物体间的相互作用，这种作用使物体的运动状态或形状发生改变。力的概念是人们在长期的生产实践中逐步建立起来的。力是看不见、摸不着的，但可以感受到它的存在或观察到它的作用效果。例如，当人们用双手推墙时，可以感受到推力的存在；用手拉弹簧时，弹簧伸长变形，同时我们感受到弹簧也在拉手；桥式起重机大梁，在起吊重物时会发生弯曲变形等。

力对物体的作用效果称为力的效应。力使物体的运动状态发生改变的效应称为运动效应或外效应，力使物体的形状发生改变的效应称为变形效应或内效应。

实践表明，力对物体的作用效应取决于力的三要素：力的大小、力的方向和力的作用点。

力的大小反映了物体间相互作用的强弱程度。在国际单位制中，力的单位是 N 或 kN。力的方向包括力的作用线在空间的方位和指向，如铅垂向下，水平向左等。力的作用点是物体间相互作用位置的抽象化。实际上，力的作用点不是一个点而是一定的面积或体积，当这个面积或体积很小时，可以将其抽象为一个点，这个点就称为力的作用点。

力是矢量，记作 F。力可以表示为一个有方向带箭头的线段，线段的长度按一定的比例表示力的大小，线段所在的方位和箭头的指向表示力的方向，线段的起点或终点表示力的作用点，如图 2-1 所示。

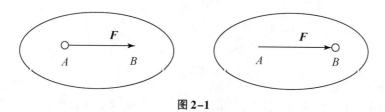

图 2-1

2.1.2　力系的概念

作用于一个物体上的两个或两个以上的力称为力系。如果两个力系对物体的作用效应完全相同，则这两个力系称为等效力系。如果一个力与一个力系等效，则称该力为这个力系的合力，而力系中的各力称为合力的分力。

按力系中各力作用线的分布情况，可将力系进行分类。各力作用线在同一平面内的力系称为平面力系，各力作用线不在同一平面内的力系称为空间力系。本书主要讨论平面力系。在平面力系中，各力作用线汇交于一点的力系称为平面汇交力系；各力作用线互相平行的力系称为平面平行力系；各力作用线既不完全交于一点，又不完全平行的力系称为平面任意力系或平面一般力系。

2.1.3　平衡的概念

物体相对于地球保持静止或做匀速直线运动，称为平衡。例如，房屋、桥梁相对于地球都是静止的，直线匀速起吊的物体相对于地球做匀速直线运动，这些都是平衡状态。

2.2　静力学公理

静力学公理是人们在长期的生活和生产实践中总结出来的，又经过实践反复检验，被证明是符合客观实际的规律。静力学公理是研究力系简化和平衡条件等问题的最基本的力学规律。

2.2.1　二力平衡公理

二力平衡公理：作用于刚体上的两个力，使刚体保持平衡的充分和必要条件是这两个力大小相等、方向相反、作用在同一条直线上。

如图 2-2 所示的刚片，当 F_A 与 F_B 大小相等时，刚片平衡。

二力平衡公理只适用于刚体，对变形体只是必要条件而不是充分条件。例如，绳索在大

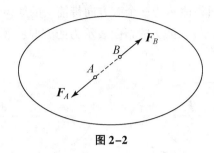

图 2-2

小相等、方向相反且共线的两个拉力作用下可以处于平衡状态，如图 2-3（a）所示，但是在大小相等、方向相反且共线的两个压力作用下绳索就不能平衡，如图 2-3（b）所示。

只受两个力作用而平衡的构件或杆件，在工程上常称为二力构件或二力杆。

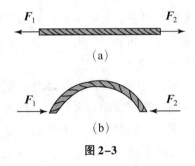

图 2-3

2.2.2 加减平衡力系公理

加减平衡力系公理：在作用于刚体上的任意力系中，加上或减去任意一个平衡力系，不会改变原力系对刚体的作用效应。

由此公理可知，增加或减少平衡力系对于刚体的平衡状态是没有影响的。

力的可传性定理：作用于刚体上某点的力可沿着其作用线移动到该刚体上的任意一点，而不改变该力对刚体的作用效果。

力的可传性定理很容易为实践所验证。如图 2-4 所示，沿着同一直线推车和拉车，对车产生的运动效果是一样的。

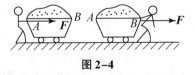

图 2-4

由力的可传性定理可知，力对刚体的作用效果与力的作用点在作用线上的位置无关。对于刚体，力的三要素可以表示为力的大小、力的方向和力的作用线。

2.2.3　力的平行四边形法则

力的平行四边形法则：作用于物体上同一点的两个力可以合成为一个合力，合力的作用点也在该点，合力的大小和方向由这两个力为邻边所构成的平行四边形的对角线确定。

图 2-5 所示为力的平行四边形法则，F_1，F_2 作用于物体上的同一点 A，以 F_1 和 F_2 为邻边作平行四边形，其对角线即为 F_1 和 F_2 的合力 F。

反之，也可以根据力的平行四边形法则将一个力分解为作用于同一点的两个分力。

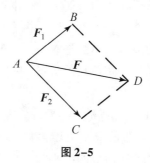

图 2-5

三力平衡汇交定理：刚体在三个力作用下处于平衡状态，如果其中的两个力汇交于一点，则第三个力必汇交于该点。

2.2.4　作用力与反作用力公理

作用力与反作用力公理：两个物体间的相互作用力总是大小相等、方向相反、作用在同一条直线上，分别且同时作用在这两个物体上。

作用力与反作用力公理对于刚体或者变形体都是适用的。这个公理说明了两物体间相互作用力的关系。力总是成对出现的，有一作用力必有一反作用力，且总是同时产生又同时消失。

注意：不要把二力平衡公理和作用力与反作用力公理混淆，二力平衡公理是对一个物体而言，作用力与反作用力公理是对两个物体而言。

2.3　荷载及其分类

凡是能主动引起物体运动或使物体有运动趋势的力称为主动力，如重力、水压力、风压力、土压力等。工程中，通常将作用在结构上的主动力称为荷载。

在工程实际中，作用在结构上的荷载是多种多样的。根据荷载的作用方式及性质，可将荷载进行分类。

1. 根据荷载的作用范围分类

根据荷载作用范围的不同，荷载可分为集中荷载和分布荷载。

（1）集中荷载。集中荷载作用的范围与结构的尺寸相比非常微小，从而可近似认为荷载作用在一点上。例如，屋架传给柱子的压力、柱子传递到梁上的压力、起重机的轮压等都可以简化为集中荷载。集中荷载的国际单位是 N 或 kN。

（2）分布荷载。分布荷载是作用在一定范围内的。当荷载连续地作用在一块体积上时称为体分布荷载，如重力和惯性力等。当荷载连续地分布在物体表面一块面积上时称为面分布荷载，如屋面上的雪荷载、挡土墙上的土压力等。当荷载连续地作用在某条线段上时称为线分布荷载。工程上经常将体分布荷载和面分布荷载简化为线分布荷载。分布荷载根据各处荷载大小是否相等又可分为均布荷载和非均布荷载。在本书今后的学习中，集中荷载和均布荷载是最常见的荷载。均布荷载通常用若干个平行且相等的带箭头的有向线段来表示，如图 2-6（a）所示，q 为分布荷载集度，常用单位是 N/m 或 kN/m。沿直线平行分布的均布荷载可以合成为一个合力，合力的方向与均布荷载的方向相同，合力作用线通过荷载图的形心，合力的大小等于荷载图的面积。

在杆件结构的计算中，杆件上的均布荷载经常要等效为集中荷载进行计算。如图 2-6（b）所示，在长度为 l 的杆件上作用有均布荷载 q，其等效的集中荷载 F 的大小为 ql，方向与均布荷载相同，集中荷载的作用点在均布荷载的中心。

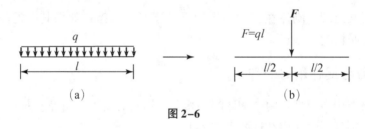

图 2-6

2. 根据荷载作用时间的长短分类

根据荷载作用时间的长短，荷载可分为恒荷载（又称为永久荷载）和活荷载（又称为可变荷载）。

（1）恒荷载。恒荷载是长期作用在结构上且大小和位置都不会发生改变的荷载。结构的自重就是一种典型的恒荷载。

（2）活荷载。活荷载是暂时作用在结构上的荷载。例如，车辆荷载、雪荷载及人群荷载等。

3. 根据荷载的作用性质分类

根据荷载的作用性质，荷载可分为静荷载和动荷载。

（1）静荷载。静荷载是缓慢施加到结构上的荷载，其大小、方向不随时间变化或变化非常缓慢，可以忽略不计，不会使结构产生明显的冲击和振动，因而可以忽略惯性力的影响。本书研究的都是结构在静荷载作用下的力学问题。

（2）动荷载。动荷载是大小、方向随时间明显变化的荷载，会使结构产生明显的冲击或振动，必须考虑惯性力的影响。例如，地震引起的惯性力和冲击波等。

2.4　约束和约束反力

2.4.1　约束和约束反力的概念

力学中常把物体分为自由体和非自由体两类。能在空间自由运动的物体，称为自由体，如飞行的炮弹、上抛的砖块等。如果物体的运动受到一定的限制，其在某些方向的运动成为不可能，则称这种物体为非自由体，如搁置在墙上的梁、用绳索悬挂的灯泡等。结构和结构的各构件都是非自由体。

限制物体运动的其他物体称为约束。例如，基础是柱子的约束，梁是板的约束，桥墩是桥梁的约束等。

约束限制物体运动时所施加的力称为约束反力。约束反力的方向总是与它所限制的物体的运动或运动趋势的方向相反。例如，用一根绳索悬挂的灯泡，灯泡在重力的作用下有沿着竖直方向向下的运动趋势，而绳索对灯泡的约束反力的方向是竖直向上的。

通常情况下，主动力是已知的，约束反力是未知的。正确的分析约束反力是对物体进行受力分析的关键。下面介绍工程中几种常见的约束类型及其约束反力的特性。

2.4.2　常见的约束及其约束反力

1. 柔索约束

由柔软且不计自重的绳索、链条、胶带等构成的约束称为柔索约束。柔索约束只能承受拉力，不能承受压力和弯曲。柔索约束只能限制物体沿柔索的中心线伸长方向的运动，而不能限制物体在其他方向的运动。因此，柔索约束的约束反力通过接触点，沿着柔索中心线背离所约束的物体，是拉力。柔索约束的约束反力通常用 F_T 表示，如图 2-7 所示。

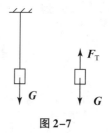

图 2-7

2. 光滑接触面约束

当接触面光滑，且接触点的摩擦力很小，可以忽略不计时，可将接触面看作光滑接触面约束。这种约束只能限制物体沿着接触面在接触点的公法线方向指向约束物体的运动，因此光滑接触面对物体的约束反力通过接触点沿着接触面的公法线方向，指向被约束物体，且其是压力。光滑接触面的约束反力通常用 F_N 表示，如图 2-8 所示。

3. 光滑圆柱铰链约束

两物体分别被钻上直径相同的圆孔并用销钉连接起来，不计销钉与销钉孔壁间的摩擦，这种约束称为光滑圆柱铰链约束，简称铰链约束，如图 2-9（a）所示。铰链约束是连接两个物体的常见约束方式，生活中门窗上用的合页就是铰链约束。铰链约束的特点是只限制两物体在垂直于销钉轴线的平面内任意方向的相对移动，而不能限制物体绕销钉轴线的相对转

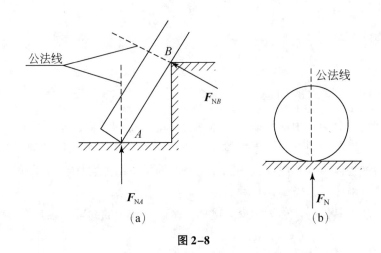

图 2-8

动。因此，铰链的约束反力作用在与销钉轴线垂直的平面内，并通过销钉轴线，但方向不定，如图 2-9（b）所示的 F_R。工程中，常用通过铰链中心的相互垂直的两个分力表示，如图 2-9（c）所示。

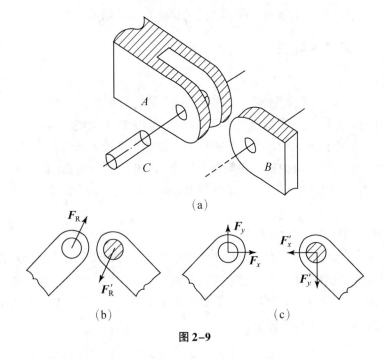

图 2-9

4. 链杆约束

两端用铰链与其他物体相连且中间不受力（自重忽略不计）的直杆，称为链杆约束，如图 2-10（a）、图 2-10（b）所示的杆 AB。这种约束只能限制物体沿链杆轴线方向的运动，但不能阻止其他方向的运动。链杆的约束反力沿着链杆的轴线方向，指向不定，表现为拉力或压力，常用符号 **F** 表示，如图 2-10（c）、图 2-10（d）所示。

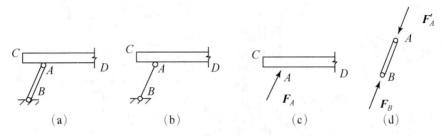

图 2-10

5. 固定铰支座

在实际工程中，将结构或构件连接在基础或支承物上的装置称为支座，支座也是约束。支座对其所支承的构件的约束反力常称为支座反力。

用光滑圆柱铰链把结构或构件与支承底板相连接，并将支承底板固定在支承物上所构成的支座，称为固定铰支座，如图 2-11（a）所示，图 2-11（b）所示为其计算简图。

固定铰支座只能限制构件在垂直于销钉平面内任意方向的移动，而不能限制构件绕销钉转动，其约束性能与圆柱铰链相同。固定铰支座的支座反力在与销钉轴线垂直的平面内，通过铰链中心，方向不定。为了方便计算，一般将支座反力 F_A［见图 2-11（c）］分解为两个互相垂直的分力 F_{Ax} 和 F_{Ay}，如图 2-11（d）所示。

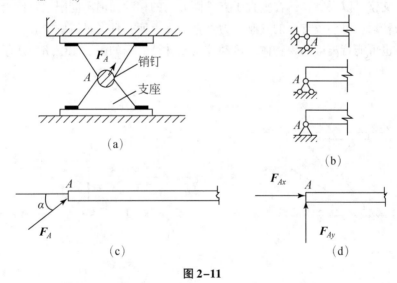

图 2-11

在实际工程中，桥梁结构上的某些支座比较接近理想的固定铰支座，而在房屋结构中这种理想的固定铰支座很少。通常我们可把不能产生移动而允许产生微小转动的支座看作固定铰支座。例如，将屋架通过连接件焊接在柱子上，此支座可看作固定铰支座；预制混凝土柱插入杯形基础，用沥青、麻丝填实后，此支座可看作固定铰支座，如图 2-12（a）所示，图

2-12（b）所示为其计算简图。

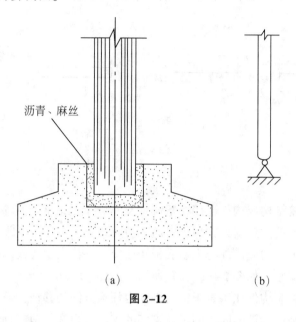

沥青、麻丝

（a）　　　　　　　　（b）

图 2-12

6. 可动铰支座

在固定铰支座的底板与光滑支承面之间安装若干辊轴，就形成可动铰支座，如图 2-13（a）所示。可动铰支座可以限制物体在垂直于支承面方向的移动，但不能限制物体沿着支承面移动和绕销钉的转动。可动铰支座的支座反力垂直于支承面，且通过链铰中心，方向可能指向被约束物体，也可能背离被约束物体。可动铰支座计算简图如图 2-13（b）所示，支座反力如图 2-13（c）所示。

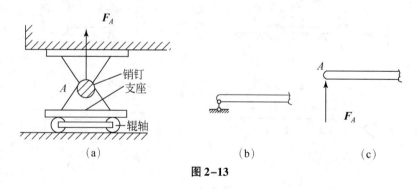

F_A

销钉
支座

A

辊轴

A

F_A

（a）　　　　　　　（b）　　　　　　（c）

图 2-13

在桥梁、屋架等工程结构中可一端使用固定铰支座，另一端使用可动铰支座，以保证结构在温度变化等因素作用下，结构沿其跨度方向能自由伸缩，不致引起结构的破坏。图 2-14（a）所示是一个搁置在砖墙上的梁，如果不考虑梁与砖墙之间的摩擦力，则砖墙只能限制梁向下运动，不能限制梁的转动与水平方向的移动。此时可以将砖墙简化为可动铰支座，其计算简图如图 2-14（b）所示。

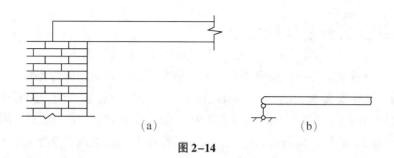

图 2-14

7. 固定支座

如图 2-15（a）所示，混凝土梁的端部嵌入墙体足够深，梁端既不能沿任意方向移动，也不能转动，这种约束就是固定支座，图 2-15（b）所示为其计算简图。固定支座的支座反力为一个方向未定的约束力和一个阻止转动的力矩。方向未定的约束力又可分解为相互垂直的两个分力，因此固定支座的支座反力是两个相互垂直的分力 F_{Ax}，F_{Ay} 和一个力矩 M_A，如图 2-15（c）所示。固定支座的特点是不允许被约束的物体与约束之间有任何形式的相对移动和转动，被约束的物体在固定端是完全固定的。固定支座在实际工程中比较常见，如房屋的阳台，插入地基中的电线杆，用混凝土与基础浇筑的钢筋混凝土柱等结构的支座都可视为固定支座。

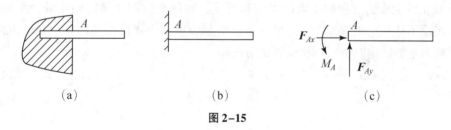

图 2-15

8. 定向支座

如图 2-16（a）所示，被支承的物体在支座处不能转动，也不能沿垂直于支承面的方向移动，但可以沿平行于支承面的方向移动，这种支座称为定向支座或滑动支座，其计算简图如图 2-16（b）所示。定向支座只允许被约束的物体沿着某一方向移动，其支座反力为一个垂直于支承面（链杆方向）的力 F_A 和一个力矩 M_A，如图 2-16（c）所示。

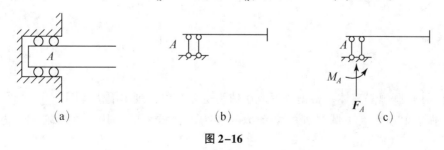

图 2-16

2.5 物体的受力分析和受力图

物体的受力分析就是分析被研究物体的受力情况，被研究的物体称为研究对象。受力分析的任务是确定物体受哪些力的作用，确定每个力的作用位置和方向，确定哪些力是已知的，哪些力是未知的。在实际工程中遇到的物体一般不是独立的，而是几个物体或几个构件相互联系在一起的。例如，楼板搁在梁上，梁支承在柱上，柱支承在基础上，基础搁在地基上等。因此，为了研究方便，通常要解除研究对象的全部约束，将研究对象从与它相联系的周围物体中隔离出来，单独画出它的计算简图，被隔离出来的物体称为隔离体（或脱离体）。在隔离体上画出它所受到的全部作用力（包括主动力和约束反力），得到的图形称为物体的受力图。正确地画出物体的受力图是解决力学问题的关键。

2.5.1 单个物体受力图

画单个物体受力图的方法如下所述：

（1）画出隔离体。根据题意，明确研究对象，把研究对象从周围约束中隔离出来，画出研究对象的计算简图。

（2）画出主动力。在隔离体上画出研究对象受到的所有主动力。

（3）画出约束反力。根据约束的类型和性质，在隔离体图中解除约束处画上相应的约束反力，解除了什么约束就加上相应的约束反力。约束反力指向明确时，按实际方向画出，约束反力指向不能确定时，可以按假设的方向画出。

【例 2-1】 重力为 G 的小球用绳索系住，放置在图 2-17（a）所示的位置。试画出小球的受力图。

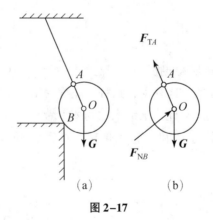

图 2-17

【解】（1）画出隔离体。根据题意取小球为研究对象，画出隔离体图。

（2）画出主动力。小球受到的主动力为重力 G，重力的作用点在球心 O，方向竖直向下。

（3）画出约束反力。A 点处为柔索约束，约束反力 F_{TA} 作用于接触点 A，方向为沿绳索的方向背离小球。B 点处为光滑接触面约束，约束反力 F_{NB} 作用于小球和墙的接触点 B，方向为沿着接触点的公法线，指向小球。画出小球的受力图，如图 2-17（b）所示。

【例2-2】如图 2-18（a）所示，重力为 G 的梯子 AB，放置在光滑的水平地面上，并靠在墙上，在 C 处用一根水平绳索与墙相连于 D。试画出梯子的受力图。

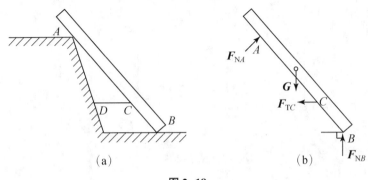

图 2-18

【解】（1）画出隔离体。根据题意取梯子为研究对象，画出隔离体图。

（2）画出主动力。梯子受到的主动力为重力 G，重力的作用点位于梯子的重心，方向竖直向下。

（3）画出约束反力。A 处为光滑接触面约束，约束反力 F_{NA} 通过接触点 A，垂直于梯子并指向梯子。B 处为光滑接触面约束，约束反力 F_{NB} 通过接触点 B，垂直于地面并指向梯子。绳索的约束反力 F_{TC} 作用于绳索与梯子的接触点 C，沿着绳索背离梯子。画出梯子的受力图，如图 2-18（b）所示。

【例2-3】图 2-19（a）所示为简支梁 AB 在 C 点受到荷载 F 的作用，梁的自重不计。试画出简支梁 AB 的受力图。

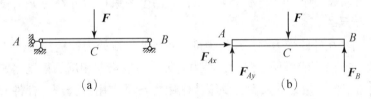

图 2-19

【解】（1）画出隔离体。根据题意取简支梁 AB 为研究对象，画出隔离体图。

（2）画出主动力。因为不计重力，简支梁 AB 受到的主动力只有荷载 F。

（3）画出约束反力。A 端支座为固定铰支座，支座反力为 F_{Ax}，F_{Ay}，B 端支座为可动铰支座，支座反力为 F_B。画出简支梁的受力图，如图 2-19（b）所示。

【例2-4】图2-20（a）所示刚架 ABCD 受到荷载 F 的作用，刚架的自重不计。试画出刚架的受力图。

【解】（1）画出隔离体。根据题意取刚架 ABCD 为研究对象，画出隔离体图。

（2）画出主动力。因为不计重力，刚架 ABCD 受到的主动力只有荷载 F。

（3）画出约束反力。A 端支座为固定铰支座，支座反力为 F_{Ax}，F_{Ay}，D 端支座为可动铰支座，支座反力为 F_D。画出刚架的受力图，如图2-20（b）所示。

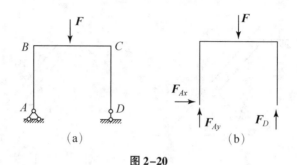

图 2-20

2.5.2　物体系统受力图

由多个物体通过约束联系在一起的系统称为物体系统。画物体系统受力图的方法与画单个物体受力图的方法相同。当以系统为研究对象时，受力图上只画出该物体系统所受的主动力和约束反力，物体系统内各物体之间的相互作用力不能画出。当以系统内的某一个物体为研究对象时，画该物体的受力图时要注意被拆开处相应的约束反力不要画错，约束反力要符合作用力与反作用力公理。另外，注意不能漏画和多画主动力和约束反力。

【例2-5】如图2-21（a）所示，连续梁由杆件 AC 和 CD 组成，受荷载 F 和均布荷载 q 的作用，不计杆件的自重，试画出杆件 AC，CD 及连续梁整体的受力图。

【解】（1）画出杆件 AC 的受力图。取杆件 AC 为研究对象，画出隔离体图。A 处为固定铰支座，B 处为可动铰支座，C 处为铰链约束，其两个约束反力分别为 F_{Cx}，F_{Cy}，假设指向如图2-21（b）所示。

（2）画出杆件 CD 杆的受力图。D 处为可动铰支座，C 处为铰链约束，其两个约束反力分别为 F'_{Cx}，F'_{Cy}，指向不能再任意假设，必须与 F_{Cx}，F_{Cy} 指向相反。很显然 F'_{Cx}，F'_{Cy} 分别与 F_{Cx}，F_{Cy} 是作用力与反作用力的关系，要服从作用力与反作用力公理。杆件 CD 的受力图如图2-21（c）所示。

（3）画出连续梁整体的受力图。注意此时没有解除铰链约束 C，铰链约束 C 处两对作用力与反作用力不能再画出。连续梁整体的受力图如图2-21（d）所示。

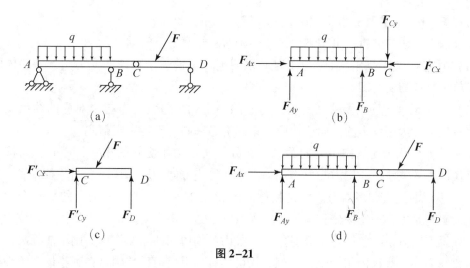

图 2-21

【例 2-6】 物体放置如图 2-22（a）所示，斜杆 AB 不计自重，试分别画出每个物体的受力图。

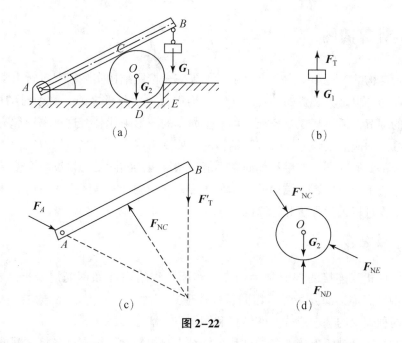

图 2-22

【解】（1）以重物 G_1 为研究对象，主动力是 G_1，约束反力是绳索的拉力 F_T，其受力图如图 2-22（b）所示。

（2）以斜杆 AB 为研究对象，主动力是 F'_T（F_T 的反作用力），约束反力有 F_{NC} 和 F_A，斜杆受三个力的作用而平衡，根据三力平衡汇交定理，其受力图如图 2-22（c）所示。

（3）以球为研究对象，主动力是球的重力和斜杆对球的压力 F'_{NC}（F_{NC} 的反作用力），约

束反力有 F_{ND} 和 F_{NE}，其受力图如图 2-22（d）所示。

通过以上例题的分析，可归纳出画受力图时应注意以下问题：

（1）研究对象要明确。画受力图时必须明确是画哪一个物体的受力图，是整体的受力图还是单个物体的受力图。

（2）约束反力与约束要一一对应。每解除一个约束，就要有与之对应的约束反力作用在研究对象上。约束反力的方向应按照约束的类型来画，不能主观猜测。

（3）注意作用力与反作用力的关系。在分析两个物体之间的相互作用时，要符合作用力与反作用力的关系。作用力与反作用力大小相等、方向相反、作用在同一条直线上。

（4）不要漏画力和多画力。力是物体间的相互作用。对于受力图上的每一个力，都应能明确指出它是由哪一个物体施加的。如果对一个力找不出对应的施力物体，则该力是多画的力。如果取物体系统整体为研究对象，系统内各物体间的相互作用力则不能画出。要分清研究对象与周围哪些物体相接触，接触处均可能有约束反力，特别是在画物体系统中某一物体的受力图时，容易漏画力。

（5）同一约束反力在不同的受力图中，假定的指向必须一致。

2.6 结构计算简图

实际工程结构的类型和受力非常复杂，如果完全按照结构实际情况进行力学分析，是十分困难和烦琐的，也是不必要的。在对实际结构进行力学分析之前，必须对结构加以简化，略去不必要的细节，抓住其主要特征，用一个简单的图形来代替，这种图形称为结构计算简图。结构计算简图应能正确地反映实际结构的主要受力特征。恰当地选取结构计算简图是结构设计中十分重要的问题。如果计算简图不能反映结构的实际受力情况，会使结构计算产生偏差，甚至造成工程事故。对结构的力学分析都是在结构计算简图上进行的。本书是以结构计算简图为依据进行力学分析和计算的。

2.6.1 结点的简化

结构中杆件相互连接的部分称为结点。实际工程结构（如钢筋混凝土结构、钢结构、木结构等）中结点连接的方法各不相同，构造形式多种多样。但是在结构计算简图中，结点只简化成两种理想的基本形式：铰结点和刚结点。

铰结点的特征是其所连接的各杆件均可绕结点自由转动，结点处各杆之间的夹角可以改变。在结构计算简图中，铰结点用杆轴线交点处的小圆圈来表示，如图 2-23（a）所示。

刚结点的特征是其所连接的各个杆件之间不能绕结点相对转动，变形前后，结点处各杆之间的夹角保持不变。刚结点用杆轴线的交点来表示，如图 2-23（b）所示。

在实际结构中，有些杆件结点的连接，一部分可以看成刚结点，一部分可以看成铰结点，这种既有刚结点又有铰结点的组合连接，称为组合结点，如图 2-23（c）所示。

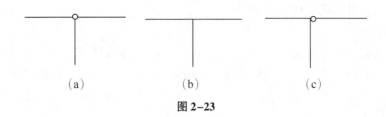

图 2-23

图 2-24（a）所示为钢桁架，杆件间为铆接，这种连接方式阻止转动的能力较弱，结点处各杆可产生相对转动，但无相对移动，可将其简化为铰结点，如图 2-24（b）所示。同理，图 2-25 所示的木结构中两杆件用铆钉连接，其结点也可以简化为铰结点。

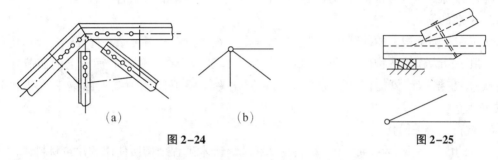

图 2-24　　　　　　　　　　　　　　　图 2-25

图 2-26（a）所示为现浇钢筋混凝土梁和柱的结点，梁和柱不能产生相对转动，也无相对移动，可简化为刚结点，如图 2-26（b）所示。

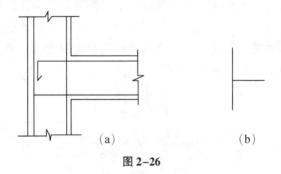

图 2-26

2.6.2　计算简图

将实际结构简化为计算简图，通常要考虑结构体系的简化、杆件的简化、支座的简化、结点的简化、荷载的简化和材料性质的简化。

1. 结构体系的简化

工程中的结构都是空间结构。在一定的条件下，根据结构的受力状态和特点，可将空间结构简化为平面结构来计算。这样，计算过程将变得相对简单，而分析结果也能满足要求。

23

本书主要以平面杆件结构为研究对象。

2. 杆件的简化

由于杆件的截面尺寸通常比杆件长度小得多，故在结构计算简图中杆件常用杆件的轴线表示，如梁、柱的轴线为直线，就用相应的直线表示，而拱等构件的轴线为曲线，就用相应的曲线表示。

3. 支座的简化

根据支座的实际构造和约束特点，通常把结构与基础或其他支承物相连接的地方简化为固定支座、固定铰支座、可动铰支座或定向支座。

4. 结点的简化

在计算简图中，通常将杆件连接处简化为刚结点、铰结点或组合结点。

5. 荷载的简化

作用在实际结构上的荷载形式是多种多样的，简化过程相对复杂。杆件结构上作用的荷载，一般可分为作用在构件内的体荷载（如自重）及作用在构件某一面积上的面荷载（如风荷载）。在结构计算简图中，通常将荷载简化为作用于杆件轴线上的集中荷载和分布荷载。

6. 材料性质的简化

结构的内力、变形与所使用的材料密切相关。土木工程结构所使用的建筑材料通常为混凝土、钢材、砖石砌体等。为使分析的问题得到适当简化，在结构计算过程中，材料一般都被假设为连续的、均匀的、各向同性的、理想弹性或弹塑性的。

如图 2-27（a）所示，一根梁两端放置在墙上，在选取结构计算简图时，可以用梁的轴线代替梁，梁的自重简化为均布荷载。考虑到墙对梁有摩擦力，梁不能水平移动，但随温度变化在轴线方向可伸缩，故可将梁一端的支座简化为固定铰支座，另一端的支座简化为可动铰支座，即得到梁的计算简图，如图 2-27（b）所示。

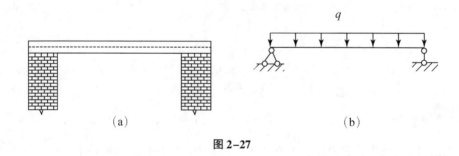

（a）　　　　　　　　　　　　　（b）

图 2-27

如图 2-28（a）所示的工厂厂房，梁与柱、柱与基础的连接都非常牢固，故简化时可把梁与柱的结点看成刚结点，柱与基础的连接看成固定支座，即得到计算简图，如图 2-28（b）所示。

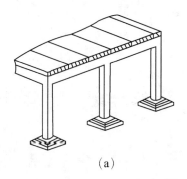

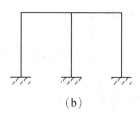

(a)   (b)

图 2-28

本章小结

本章主要介绍了力的基本概念、静力学公理、画物体的受力图和结构计算简图。

1. 力的基本概念

力是物体间的相互作用,这种作用使物体的运动状态或形状发生改变。力对物体作用的效应取决于力的三要素:力的大小、力的方向和力的作用点。

作用在结构上的主动力称为荷载。

限制物体运动的其他物体称为约束。约束限制物体运动时所施加的力称为约束反力。本章介绍了 8 种约束,要注意区分不同约束的约束反力和结构计算简图。

2. 静力学公理

二力平衡公理:作用于刚体上的两个力,使刚体保持平衡的充分和必要条件是这两个力大小相等、方向相反、作用在同一条直线上。

加减平衡力系公理:在作用于刚体上的任意力系中,加上或减去任意一个平衡力系,不会改变原力系对刚体的作用效应。

力的平行四边形法则:作用于物体上同一点的两个力可以合成为一个合力,合力的作用点也在该点,合力的大小和方向由这两个力为邻边所构成的平行四边形的对角线确定。

作用力与反作用力公理:两个物体间的相互作用力总是大小相等、方向相反、作用在同一条直线上,分别且同时作用在这两个物体上。

3. 画物体的受力图

正确地画出物体的受力图是解决力学问题的关键。画物体的受力图时注意:研究对象要明确;约束反力与约束要一一对应;注意作用力与反作用力的关系;不要漏画力和多画力;同一约束反力在不同的受力图中,假定的指向必须一致。

4. 结构计算简图

在对实际结构进行力学分析之前,用一个简单的图形来代替,这种图形称为结构计算简图。将实际结构简化为计算简图,通常要考虑结构体系的简化、杆件的简化、支座的简化、结点的简化、荷载的简化和材料性质的简化。

思 考 题

1. 力的三要素是什么？
2. 为什么说二力平衡公理、加减平衡力系公理的可传性原理只适用于刚体？
3. 什么是荷载？可以怎样分类？
4. 什么是约束？什么是约束反力？
5. 工程中常见的约束有哪几种？
6. 如何画物体的受力图？如何画物体系统的受力图？
7. 在杆件结构中，常见的结点有哪几种？

习　题

2-1　画出图 2-29 所示各物体的受力图。各处接触面均是光滑的。除图中标明的，其他物体的自重不计。

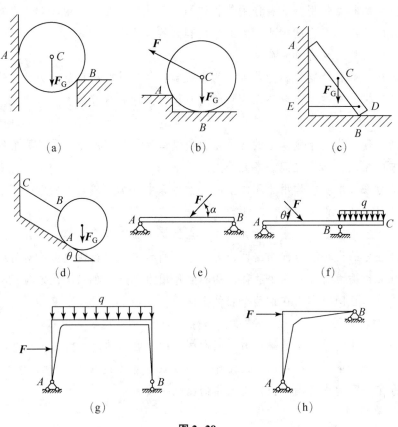

图 2-29

2-2　如图 2-30 所示结构，A 处和 C 处为固定铰支座，B 处为铰链连接。不计各杆的自重，试画出 AD 杆、BC 杆及整体结构的受力图。

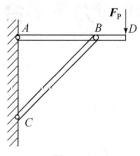

图 2-30

2-3　图 2-31 所示为简支梁，跨中受集中荷载 F 的作用，A 端为固定铰支座，B 端为可动铰支座，试画出梁的受力图。

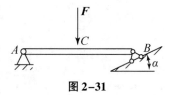

图 2-31

2-4　试画出图 2-32 所示结构的整体和各部分的受力图。

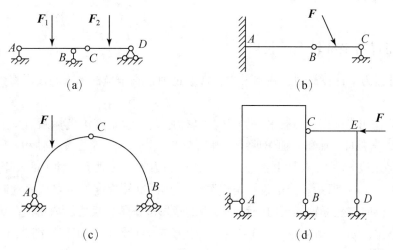

（a）　　　　　　　　　　　　（b）

（c）　　　　　　　　　　　　（d）

图 2-32

第3章 平面力系的合成及平衡

学习要求

1. 掌握力在坐标轴上的投影，掌握合力投影定理。
2. 理解力矩、力偶的概念。
3. 掌握平面力偶系的合成与平衡条件。
4. 掌握力的平移定理。
5. 掌握平面一般力系的简化。
6. 掌握平面一般力系的平衡条件与平衡方程。
7. 掌握物体系统的平衡。

学习重点

1. 力矩、力偶的概念。
2. 平面一般力系的平衡条件与平衡方程。

3.1 力的投影

3.1.1 力在直角坐标轴上的投影

力是矢量，为了计算简便，在本书中常常通过力在直角坐标轴上的投影将矢量运算转化为代数运算。

在力 F 的作用平面内，取任意一点 O 为坐标原点，建立直角坐标系 xOy。从力 F 的起点 A 和终点 B 分别向 x 轴和 y 轴作垂线，得到交点 a，b，a_1，b_1，在 x 轴和 y 轴上得到线段 ab 和 a_1b_1，将线段 ab 和 a_1b_1 加上正号或负号，称为力 F 在 x 轴和 y 轴上的投影，用 F_x 和 F_y 表示，如图 3-1（a）所示。力的投影是代数量，其正负号规定如下：从力的起点的投影到终点的投影的方向与坐标轴的正向一致时，力的投影取正值；反之，取负值。力的投影的单位仍是力的单位，如 N，kN 等。图 3-1（a）中力 F 的投影均为正值，图 3-1（b）中力 F 的投影均为负值。

如图 3-1 所示，若已知力 F 的大小及其与 x 轴所夹的锐角 α，则力 F 在坐标轴上的投影 F_x 和 F_y 可按式（3-1）计算，F_x 和 F_y 的正负号可按上述投影的正负号规定来判断。

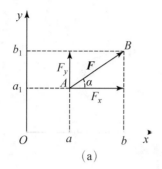 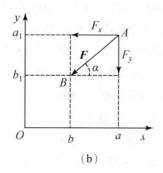

图 3-1

$$\begin{cases} F_x = \pm F\cos\alpha \\ F_y = \pm F\sin\alpha \end{cases} \qquad (3\text{-}1)$$

在计算投影时，有两种特殊的情况：当力与坐标轴垂直时，力在该轴上的投影等于零；当力与坐标轴平行时，力在该轴上投影的绝对值等于力的大小。

如果已知力在坐标轴上的投影 F_x 和 F_y，可由图 3-1 中的几何关系确定力 $\boldsymbol{F}$ 的大小和方向，即

$$\begin{cases} F = \sqrt{F_x^2 + F_y^2} \\ \tan\alpha = \left| \dfrac{F_y}{F_x} \right| \end{cases} \qquad (3\text{-}2)$$

式中：α——力 $\boldsymbol{F}$ 与 x 轴所夹的锐角，$\boldsymbol{F}$ 的指向可由投影 F_x，F_y 的正负号确定。

注意：力的投影和力的分力是不同的概念。力的投影是标量，只有大小和正负；力的分力是矢量，有大小和方向。

【例 3-1】试求出各力在 x 轴和 y 轴上的投影，已知 $\boldsymbol{F}_i = 200$ N（$i = 1$, 2, 3, 4, 5, 6），各力方向如图 3-2 所示。

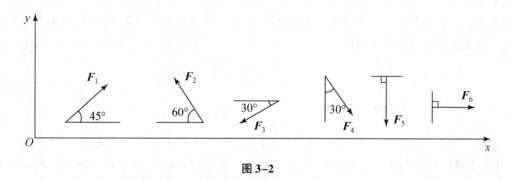

图 3-2

【解】$F_{1x} = F_1\cos 45° \approx 200 \times 0.707 = 141.4$（N）

$F_{1y} = F_1\sin 45° \approx 200 \times 0.707 = 141.4$（N）

$$F_{2x} = -F_2 \cos 60° = -200 \times 0.5 = -100 \ (\text{N})$$

$$F_{2y} = F_2 \sin 60° \approx 200 \times 0.866 = 173.2 \ (\text{N})$$

$$F_{3x} = -F_3 \cos 30° \approx -200 \times 0.866 = -173.2 \ (\text{N})$$

$$F_{3y} = -F_3 \sin 30° = -200 \times 0.5 = -100 \ (\text{N})$$

$$F_{4x} = F_4 \cos 60° = 200 \times 0.5 = 100 \ (\text{N})$$

$$F_{4y} = -F_4 \sin 60° \approx -200 \times 0.866 = -173.2 \ (\text{N})$$

$$F_{5x} = F_5 \cos 90° = 200 \times 0 = 0 \ (\text{N})$$

$$F_{5y} = -F_5 \sin 90° = -200 \times 1 = -200 \ (\text{N})$$

$$F_{6x} = F_6 \cos 0° = 200 \times 1 = 200 \ (\text{N})$$

$$F_{6y} = -F_6 \sin 0° = -200 \times 0 = 0 \ (\text{N})$$

【例 3-2】已知力 F 在 x 轴上的投影 $F_x = 3$ N，在 y 轴上的投影 $F_y = 4$ N，试确定力 F 的大小和方向。

【解】
$$F = \sqrt{F_x^2 + F_y^2} = \sqrt{3^2 + 4^2} = 5 \ (\text{N})$$

$$\tan\alpha = \frac{4}{3}, \quad \alpha \approx 53°$$

3.1.2　合力投影定理

由于力的投影是代数量，所以可以对各力在同一条坐标轴上的投影进行代数运算。合力在任意一条坐标轴上的投影等于力系中各分力在同一条坐标轴上投影的代数和，这就是合力投影定理。

$$\begin{cases} F'_x = F_{1x} + F_{2x} + \cdots + F_{nx} = \sum F_{ix} \\ F'_y = F_{1y} + F_{2y} + \cdots + F_{ny} = \sum F_{iy} \end{cases} \tag{3-3}$$

在平面力系中，各力作用线汇交于一点的力系为平面汇交力系。对于平面汇交力系，可重复运用平行四边形法则，最后求出一个合力，合力的作用点通过各力的汇交点。根据合力投影定理，平面汇交力系合力 F' 在平面直角坐标系 x 轴和 y 轴的投影 F'_x 和 F'_y 可由式（3-3）求出，合力 F' 的大小和方向为

$$\begin{cases} F' = \sqrt{{F'_x}^2 + {F'_y}^2} = \sqrt{\left(\sum F_{ix}\right)^2 + \left(\sum F_{iy}\right)^2} \\ \tan\alpha = \left| \dfrac{F'_y}{F'_x} \right| \end{cases} \tag{3-4}$$

α 为合力 F' 与 x 轴所夹的锐角，F' 的具体指向可由 F'_x，F'_y 的正负号确定。

【例 3-3】在图 3-3 所示的平面汇交力系中，各力的大小分别为 $F_1 = 40$ N，$F_2 = 60$ N，$F_3 = 50$ N，方向如图 3-3 所示，O 点为平面汇交力系的汇交点，求该力系的合力。

【解】（1）取汇交力系的交点 O 为坐标原点，建立平面直角坐标系。

（2）根据力的投影公式，求出各力在 x 轴、y 轴上的投影。由式（3-1）可知

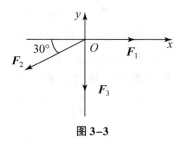

图 3-3

$F_{1x} = 40$（N）

$F_{1y} = 0$（N）

$F_{2x} = -F_2 \cos 30° \approx -60×0.866 = -51.96$（N）

$F_{2y} = -F_2 \sin 30° = -60×0.5 = -30$（N）

$F_{3x} = 0$（N）

$F_{3y} = -50$（N）

（3）根据合力投影定理求出合力在 x 轴、y 轴上的投影，由式（3-3）可知

$$F'_x = F_{1x} + F_{2x} + F_{3x} = 40 - 51.96 + 0 = -11.96 （N）$$

$$F'_y = F_{1y} + F_{2y} + F_{3y} = 0 - 30 - 50 = -80 （N）$$

由式（3-4）可求出合力的大小和方向为

$$F' = \sqrt{F'^2_x + F'^2_y} = \sqrt{(-11.96)^2 + (-80)^2} \approx 80.89 （N）$$

$$\tan\alpha = \left| \frac{F'_y}{F'_x} \right| = \left| \frac{-80}{-11.96} \right| \approx 6.69, \ \alpha \approx 81.5°$$

因为 F'_x，F'_y 均为负值，所以合力 $\boldsymbol{F}'$ 作用于 O 点，指向左下方，合力作用线位于选定坐标轴的第三象限，与 x 轴所夹的锐角为 81.5°。

3.2　力矩

3.2.1　力矩的概念

力对物体的作用，不仅能使物体产生移动，还能使物体产生转动。人们在使用杠杆、滑车、绞盘等机械搬运或提升重物时利用的就是力对物体的转动效应。现以扳手拧螺母为例来说明。如图 3-4 所示，在扳手的 A 点施加一个力 $\boldsymbol{F}$，使扳手和螺母一起绕螺钉中心 O 转动。这就是说，力使扳手产生了转动效应。实践经验表明，扳手的转动效应不仅与力 $\boldsymbol{F}$ 的大小有关，还与力到点 O 作用线的垂直距离 d 有关。当 d 保持不变时，力 $\boldsymbol{F}$ 越大，转动越快；当 $\boldsymbol{F}$ 不变时，d 值越大，转动也越快。如果改变力的作用方向，则扳手的转动方向也会随之改变。因此可用两者的乘积 $F·d$ 来度量力 $\boldsymbol{F}$ 对扳手的转动效应，称其为力 $\boldsymbol{F}$ 对点 O 的矩，简称力矩。力矩用符号 $M_O(\boldsymbol{F})$ 或 M_O 表示，即

$$M_O(\boldsymbol{F}) = \pm F \cdot d \qquad\qquad (3\text{-}5)$$

转动中心 O 称为矩心；矩心到力的作用线的垂直距离 d 称为力臂。式（3-5）中的正负号表示力矩的转向。一般规定：力使物体绕矩心产生逆时针方向转动时，力矩为正；反之为负。力矩的单位是力的单位和距离的单位的乘积，在国际单位制中力矩的单位是 N·m 或 kN·m。

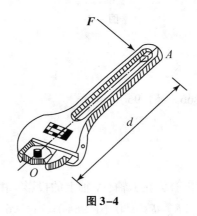

图 3-4

由式（3-5）可知，力矩有如下性质：

（1）如果力的大小等于零，则力矩为零。

（2）如果力臂等于零，即力的作用线通过矩心，则力矩为零。

（3）力对矩心 O 点的力矩与 O 点的位置有关，同一个力对不同的矩心，其力矩是不同的。

【例3-4】用铁锤拔起钉子，加在铁锤手柄上的力 $\boldsymbol{F}$ 的大小为 200 N，方向如图 3-5 所示，手柄的长度 $l=0.25$ m，试求力 $\boldsymbol{F}$ 对点 O 的力矩。

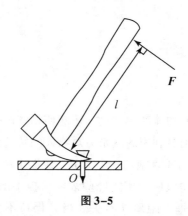

图 3-5

【解】力 $\boldsymbol{F}$ 使铁锤绕 O 点逆时针方向转动，$\boldsymbol{F}$ 对点 O 的力矩为

$$M_O(\boldsymbol{F}) = F \cdot l = 200 \times 0.25 = 50 \ (\text{N} \cdot \text{m})$$

3.2.2　合力矩定理

合力对某点的矩等于各分力对同一点的矩的代数和，这就是合力矩定理。

$$M_O\ (F') = M_O\ (F_1) + M_O\ (F_2) + \cdots + M_O\ (F_n) \tag{3-6}$$

应用合力矩定理可以很方便地求出合力对某一点的矩。当力臂不容易求出时，可以将力分解为两个相互垂直的分力，若两个分力对某点的力臂为已知或容易求出，则可求出这两个分力对某点的力矩的代数和，从而求出已知力对该点的矩。

【例 3-5】计算如图 3-6 所示的均布荷载 q 对 A 点的力矩。

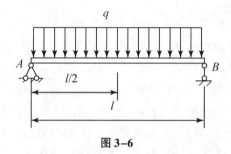

图 3-6

【解】根据合力矩定理可知，均布荷载对某点的矩等于其合力对该点的矩。具体计算时，均布荷载可以等效为一个集中力，集中力的大小为 ql，集中力的作用点在均布荷载作用段的中点，集中力的方向与均布荷载一致。

$$M_A\ (q) = -q \cdot l \cdot \frac{l}{2} = -\frac{ql^2}{2}$$

【例 3-6】每 1 m 长的挡土墙所受土压力的合力为 F，它的大小为 $F=200$ kN，方向如图 3-7 所示，$h=6$ m，$a=2$ m，$b=2.5$ m，求土压力 F 使挡土墙倾覆的力矩。

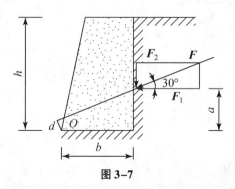

图 3-7

【解】土压力 F 可使挡土墙绕 O 点倾覆，求 F 使挡土墙倾覆的力矩，也就是求 F 对 O 点的力矩。因为力臂比较难计算，故可以将 F 分解为两个分力 F_1 和 F_2，这两个分力的力臂是已知的。根据合力矩定理，合力 F 的力矩等于 F_1 和 F_2 分别对 O 点之矩的代数和。

$$M_O(\boldsymbol{F}) = M_O(\boldsymbol{F}_1) + M_O(\boldsymbol{F}_2)$$
$$= F_1 \cdot a - F_2 \cdot b$$
$$= 200 \times \cos 30° \times 2 - 200 \times \sin 30° \times 2.5$$
$$\approx 96.4 (\text{kN} \cdot \text{m})$$

3.3 力偶

3.3.1 力偶的概念

在生活中经常能见到物体受到大小相等、方向相反、作用线不重合的两个平行力作用的情况，如驾驶汽车时转动方向盘，用两根手指拧水龙头，如图3-8所示。实践证明，物体在这样两个力的作用下，只产生转动，不产生位移。在力学中把作用在同一物体上的大小相等、方向相反且不共线的两个平行力组成的力系称为力偶，用符号（$\boldsymbol{F}$，$\boldsymbol{F}'$）表示。力偶的两个力所在的平面称为力偶的作用平面，组成力偶的两个力作用线之间的垂直距离称为力偶臂。力偶与力一样，也是力学中的基本物理量之一。力偶只能使物体产生转动，不能使物体产生移动。而力则不同，力既可使物体移动，又可使物体绕某一点转动。

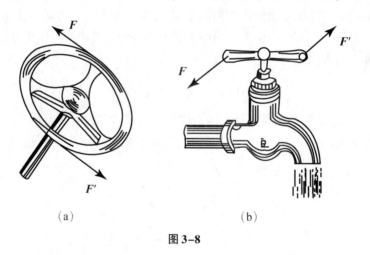

（a）   （b）

图3-8

3.3.2 力偶矩

实践表明，当组成力偶的力越大，或者力偶臂越大时，力偶使物体转动的效应就越显著；反之就越弱。因此，可以用力偶矩来度量力偶对物体转动效应的大小。力偶矩等于力偶中的任意一个力与力偶臂的乘积，以符号 M（$\boldsymbol{F} \cdot \boldsymbol{F}'$）表示，或简写为 M，即

$$M = \pm F \cdot d \qquad (3-7)$$

式（3-7）中的正负号表示力偶使物体转动的方向。与力矩类似，一般规定：力偶使物

体逆时针方向转动时，力偶矩取正号；力偶使物体顺时针方向转动时，力偶矩取负号。力偶矩的单位与力矩的单位相同，在国际单位制中，力偶的单位通常用 N · m 或 kN · m。在力偶的作用平面内，常用一个带箭头的弧线来表示力偶，箭头表示力偶的转动方向，M 表示力偶矩的大小；有时也可以用带箭头的折线来表示力偶，如图 3-9 所示。

$$M \quad\curvearrowright \qquad\qquad M$$

图 3-9

必须注意的是：力矩和力偶都能使物体转动，但力矩使物体转动的效应与矩心的位置有关，矩心不同，力矩的大小也就不同，写力矩时必须写明矩心；而力偶与矩心位置无关，它对其作用平面内任意一点的矩都一样，即等于本身的力偶矩。

3.3.3　力偶的性质

（1）力偶中的两个力在任意坐标轴上投影的代数和为零。

（2）力偶对其作用平面内任意一点的转动效应，与矩心位置无关。

（3）力偶不能与力平衡，只能与力偶平衡。

（4）力偶可以在它的作用平面内任意移动和转动，而不会改变它对物体的作用。因此，力偶对物体的作用完全取决于力偶矩，而与它在作用平面内的位置无关。

（5）力偶不能简化为一个力，力偶不能与力等效，只能与另一个力偶等效。

力偶对物体的转动效应取决于力偶的三要素，即力偶矩的大小、力偶的转向和力偶的作用平面。在平面问题中，因为所有的力偶都作用在同一个平面内，因此只需考虑力偶矩的大小和力偶的转向。

同一平面内的两个力偶，如果它们的力偶矩的大小相等、转动方向相同，则这两个力偶彼此等效，这就是平面力偶等效定理。

因此，只要保持力偶矩的大小和转向不变，可以任意改变力的大小和力偶臂的长短，而不影响力偶对物体的转动效应。如图 3-10 所示的几个力偶都是等效力偶。

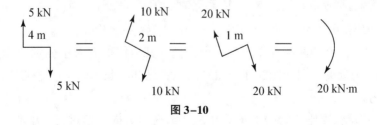

图 3-10

3.3.4　平面力偶系的合成

作用在同一物体上同一平面内的两个或两个以上的力偶，称为平面力偶系。因为力偶没有合力，其作用效果完全取决于力偶矩，因此平面力偶系的合成结果就是一个合力偶，其合力偶矩等于力偶系中各个力偶矩的代数和。设 M_1，M_2，$\cdots$，M_i 为平面力偶系中各个力偶的力偶矩，M 为合力偶的力偶矩，则

$$M = M_1 + M_2 + \cdots + M_i = \sum M_i \tag{3-8}$$

【例 3-7】如图 3-11 所示，两个力偶同时作用在一个平面内，$F = F' = 10$ kN，$d = 4$ m，$M = 20$ kN·m，求其合力偶矩。

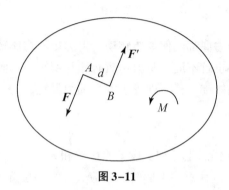

图 3-11

【解】作用在同一个平面内的两个力偶可合成一个合力偶，其合力偶矩等于力偶系中各个力偶矩的代数和。

$$M = M_1 + M_2 = 10 \times 4 + 20 = 60 \ (\text{kN·m})$$

所以，合力偶矩的大小等于 60 kN·m，转向为逆时针，合力偶作用在原力偶系所在的平面内。

3.3.5 平面力偶系的平衡条件

平面力偶系合成的结果是一个合力偶，当合力偶矩等于零时，则力偶系中各力偶对物体的转动效应相互抵消，物体处于平衡状态。因此，平面力偶系平衡的充分必要条件是：力偶系中各力偶矩的代数和为零，即

$$M = \sum M_i = 0 \tag{3-9}$$

对于平面力偶系的平衡问题，可用式（3-9）求解一个未知量。

【例 3-8】在梁 AB 的两端各作用有一个力偶，其力偶矩的大小分别为 $M_1 = 40$ kN·m，$M_2 = 60$ kN·m，力偶的转向如图 3-12（a）所示，已知梁长 $l = 4$ m，忽略梁的自重，求 A，B 处的支座反力。

【解】B 为可动铰支座，它的支座反力 F_B 沿着竖直方向，通过支座中心。A 为固定铰支座，它的支座反力 F_A 通过支座中心，方向待定。梁 AB 受到两个力偶和两个支座反力的作用，保持平衡。因为力偶只能与力偶平衡，所以支座反力 F_A 和 F_B 必须组成一个力偶，假设 F_A 和 F_B 的指向如图 3-12（b）所示。根据平面力偶系的平衡条件，列出平衡方程。

由 $\sum M = 0$，得

$$M_1 - M_2 + F_A \cdot l = 0$$

$$F_A = F_B = \frac{M_2 - M_1}{l} = \frac{60 - 40}{5} = 4 \ (\text{kN})$$

计算得到的结果为正值，说明 $\boldsymbol{F}_A$ 和 $\boldsymbol{F}_B$ 实际的指向与假设的指向相同。

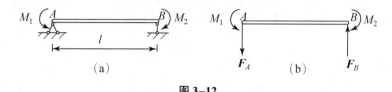

图 3-12

3.4 平移定理

3.4.1 力的平移定理

已知力 $\boldsymbol{F}$ 作用在刚体的 A 点上，如图 3-13（a）所示，在此刚体上任意取一点 O，现欲将力 $\boldsymbol{F}$ 平移到 O 点，而且不改变原来的作用效应。为此，可如图 3-13（b）所示，在 O 点加上两个大小相等、方向相反、与力 $\boldsymbol{F}$ 平行的力 $\boldsymbol{F}'$ 与 $\boldsymbol{F}''$，且 $F = F' = F''$。根据加减平衡力系公理，$\boldsymbol{F}$，$\boldsymbol{F}'$ 和 $\boldsymbol{F}''$ 组成的力系与图 3-13（a）所示 $\boldsymbol{F}$ 的作用效应完全相同。显然，$\boldsymbol{F}$ 与 $\boldsymbol{F}''$ 组成一个力偶，其力偶矩为 $F \cdot d$。因此，$\boldsymbol{F}$，$\boldsymbol{F}'$ 和 $\boldsymbol{F}''$ 这三个力可转换为作用在 O 点的一个力（$\boldsymbol{F}'$）和一个力偶（$\boldsymbol{F}$，$\boldsymbol{F}''$），如图 3-13（c）所示。

由此可得力的平移定理：作用在刚体上的力 $\boldsymbol{F}$，可以平行移动到同一刚体上的任意一点 O，但必须附加一个力偶，其力偶矩等于力 $\boldsymbol{F}$ 对新作用点 O 的矩。

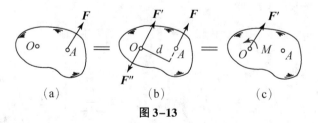

图 3-13

从力的平移定理可知道，一个力经过移动后，可变成一个力和一个力偶，那么反过来，能不能把一个力和一个力偶经过移动变成一个力呢？答案是肯定的。根据上述力的平移的逆过程可知，共面的一个力和一个力偶，总可以合成为一个力，该力的大小和方向与原力相

同，作用线之间的垂直距离为 $d = \left| \dfrac{M}{F} \right|$。

【例3-9】 如图3-14（a）所示的厂房柱子受到力 F 的作用，力 F 的作用线偏离柱子轴线的距离为 $e=30$ mm，试将力 F 平移到柱轴线上的 O 点而不改变力的作用效果。

【解】 根据力的平移定理，将力 F 平行移动到 O 点得到力 F'，同时附加一个力偶矩 M，$M=-F \cdot e$，如图3-14（b）所示。力 F 经过平移后，其对柱子的变形效果就可以很明显地看出，力 F' 使柱子轴向受压，力偶矩 M 使柱子弯曲。说明力 F 所引起的变形是压缩变形和弯曲变形的组合。

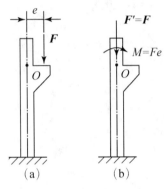

图3-14

3.4.2 平面一般力系向一点简化

设在物体上作用有平面一般力系 F_1，F_2，F_3，$\cdots$，F_n，各力的作用点分别为 A_1，A_2，A_3，$\cdots$，A_n，如图3-15（a）所示，现欲将该力系向一点简化。在该力系的作用平面内任选一点 O 作为该力系的简化中心，根据力的平移定理，将各力全部平移到 O 点，得到一个作用于 O 点的平面汇交力系（F_1'，F_2'，F_3'，$\cdots$，F_n'）和一个附加的平面力偶系 M_1，M_2，M_3，$\cdots$，M_n，如图3-15（b）所示。

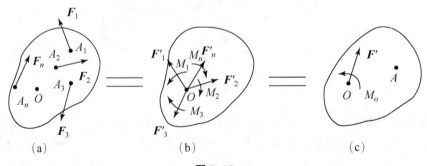

图3-15

其中平面汇交力系中各力的大小和方向分别与原力系中对应的各力相同，即

$$F_1 = F_1', \quad F_2 = F_2', \quad F_3 = F_3', \quad \cdots, \quad F_n = F_n'$$

各附加力偶的力偶矩分别等于原力系中各力对简化中心 O 点的矩，即

$$M_1 = M_O(F_1), \quad M_2 = M_O(F_2), \quad M_3 = M_O(F_3), \quad \cdots, \quad M_n = M_O(F_n)$$

作用于 O 点的各力 F_1'，F_2'，F_3'，$\cdots$，F_n' 可合成为一个合力，记为 F'，称为原力系的主矢量（简称主矢）。各力偶矩 M_1，M_2，M_3，$\cdots$，M_n 可合成为一个合力偶矩，记为 M_O，称为原力系的主矩，如图 3-15（c）所示，有

$$F' = F_1' + F_2' + F_3' + \cdots + F_n' = F_1 + F_2 + F_3 + \cdots + F_n = \sum F \tag{3-10}$$

$$M_O = M_1 + M_2 + \cdots + M_n = \sum M_O(F) \tag{3-11}$$

F' 是平面一般力系中所有各力的矢量和，它的大小和方向与简化中心的选择无关。M_O 等于各附加力偶的力偶矩的代数和，也等于原力系中各力对简化中心 O 的力矩的代数和，它的大小和转动方向与简化中心的选择有关。

过 O 点取直角坐标系 xOy，设主矢 F' 在坐标轴 x 轴和 y 轴的投影分别为 F_x'，F_y'，平面汇交力系中各力 F_1'，F_2'，F_3'，$\cdots$，F_n' 在 x 轴、y 轴上投影分别为 F_{ix}'，$F_{iy}'(i = 1, 2, 3, \cdots, n)$，则

$$F_x' = F_{1x}' + F_{2x}' + F_{3x}' + \cdots + F_{nx}' = F_{1x} + F_{2x} + F_{3x} + \cdots + F_{nx} = \sum F_x' = \sum F_x \tag{3-12}$$

$$F_y' = F_{1y}' + F_{2y}' + F_{3y}' + \cdots + F_{ny}' = F_{1y} + F_{2y} + F_{3y} + \cdots + F_{ny} = \sum F_y' = \sum F_y \tag{3-13}$$

主矢在坐标轴中某一轴上的投影等于力系中各力在同一轴上投影的代数和。

根据合力投影定理，可求得主矢量 F' 的大小和方向为

$$F' = \sqrt{F_x'^2 + F_y'^2} = \sqrt{\left(\sum F_x\right)^2 + \left(\sum F_y\right)^2} \tag{3-14}$$

$$\tan\alpha = \frac{|F_y'|}{|F_x'|} = \frac{\left|\sum F_y\right|}{\left|\sum F_x\right|} \tag{3-15}$$

其中，α 为力 F' 与 x 轴所夹的锐角，F' 的指向可由 F_x'，F_y' 的正负号确定。

主矩应等于所有力偶矩的代数和，可直接利用式（3-11）计算。

因此，对平面一般力系向任意一点简化的结果可总结如下：在一般情况下，平面一般力系向作用平面内任意一点简化可以得到一个力和一个力偶。这个力作用于简化中心，它的矢量等于力系中各力的矢量和，其值和方向与简化中心的位置无关；这个力偶的力偶矩等于原力系中各力对简化中心的矩的代数和，其值与简化中心的位置有关。

下面根据主矢和主矩是否存在，进一步来分析研究平面一般力系简化的最终结果。

（1）$F' \neq 0$，$M_O = 0$，原力系与通过简化中心的一个力等效。原力系简化为一个合力，此合力的矢量即为力系的主矢 F'，合力作用线通过简化中心 O。

（2）$F' = 0$，$M_O \neq 0$，原力系与一个力偶等效，原力系简化为一合力偶。该力偶的力偶矩即为原力系相对于简化中心 O 的主矩 M_O，主矩 M_O 与简化中心 O 的位置无关。

（3）$F' \neq 0$，$M_O \neq 0$，此时可进一步简化，根据力的平移定理的逆过程，经过移动，将主矢 F' 和主矩 M_O 合成一个合力 F，移动的距离 d（合力 F 的作用线到简化中心 O 的距离）为

$$d = \left| \frac{M_O}{F'} \right|$$

（4）$F' = 0$，$M_O = 0$，原力系是一个平衡力系。在此力系作用下，物体处于平衡状态。

综上所述，平面一般力系向一点简化的最终结果有三种：一个力、一个力偶、力系平衡。

3.5 平面力系的平衡方程

3.5.1 平面一般力系的平衡条件与平衡方程

1. 基本形式

所谓平衡，是指物体相对于地球保持静止或做匀速直线运动。如果力系对物体的作用使物体处于平衡状态，则此力系称为平衡力系。

通过上节的学习可知，如果平面一般力系简化之后得到的主矢 F' 和主矩 M_O 同时等于零，则该力系就是平衡力系。因此，平面一般力系平衡的充分必要条件是力系的主矢和主矩同时为零，即

$$\begin{cases} F' = 0 \\ M_O = 0 \end{cases} \tag{3-16}$$

由式（3-11）$M_O = M_1 + M_2 + \cdots + M_n = \sum M_O(F)$ 和式（3-14）$F' = \sqrt{F_x'^2 + F_y'^2} = \sqrt{\left(\sum F_x\right)^2 + \left(\sum F_y\right)^2}$ 可知，平面一般力系的平衡条件又可写为

$$\begin{cases} \sum F_x = 0 \\ \sum F_y = 0 \\ \sum M_O(F) = 0 \end{cases} \tag{3-17}$$

式（3-17）称为平面一般力系平衡方程的基本形式，前两式称为投影方程，后一式称为力矩方程。这三个方程彼此独立，组成的方程组可以用来求解三个未知量。此平衡方程的力学含义是：平面力系中所有力在两个任选的坐标轴上投影的代数和分别等于零；平面力系中所有各力对任意一点的矩的代数和等于零。

平面一般力系的平衡方程除了式（3-17）所示的基本形式外，还可表示为二矩式和三矩式。

2. 二矩式

平面一般力系的二矩式平衡方程由一个投影方程和两个力矩方程组成，其形式为

$$\begin{cases} \sum F_x = 0 \ \text{或} \sum F_y = 0 \\ \sum M_A(F) = 0 \\ \sum M_B(F) = 0 \end{cases} \tag{3-18}$$

注意：式中 A，B 两点的连线不能与 x 轴（或 y 轴）垂直。

3. 三矩式

平面一般力系的三矩式平衡方程由三个力矩方程组成，其形式为

$$\begin{cases} \sum M_A(F) = 0 \\ \sum M_B(F) = 0 \\ \sum M_C(F) = 0 \end{cases} \tag{3-19}$$

注意：式中 A，B，C 三点不能共线。

从式（3-17）、式（3-18）和式（3-19）可以看出，平面任意力系可以写出也只能写出三个相互独立的平衡方程，因此运用平衡方程最多只能求出三个未知量。当平面任意力系满足式（3-17）、式（3-18）和式（3-19）中的任意一个时，则该力系就是一个平衡力系，在该力系作用下的物体必定处于平衡状态。

尽管平面一般力系的平衡方程有三种形式，但独立的方程数都是三个，只能求解三个未知量。在具体应用时，可以根据实际情况，选择计算方便的形式。一般情况下，总是把平面一般力系的简化中心选取在多个未知力的交点上，把坐标轴建立在与尽可能多的未知力垂直的方向，这样可以使每个平衡方程中的未知量尽量少。

3.5.2　平面特殊力系的平衡方程

平面汇交力系、平面力偶系和平面平行力系都可以看成平面一般力系的特殊情况。这三种力系的平衡方程都可以作为平面一般力系平衡方程的特例而得到。

1. 平面汇交力系

各力作用线汇交于一点的平面力系称为平面汇交力系。如图 3-16 所示为平面汇交力系实例及其受力图。

取平面汇交力系的汇交点为矩心，各力对汇交点的矩必为零，故平面汇交力系的平衡方程为式（3-20），只有两个投影方程，独立的平衡方程数有两个，只能求解两个未知量。

$$\begin{cases} \sum F_x = 0 \\ \sum F_y = 0 \end{cases} \tag{3-20}$$

2. 平面力偶系

平面力偶系的合成结果是一个合力偶。平面力偶系平衡的充分必要条件是力偶系中各力偶矩的代数和等于零。因此，平面力偶系独立的平衡方程只有一个，只能求解一个未知量，即式（3-9）

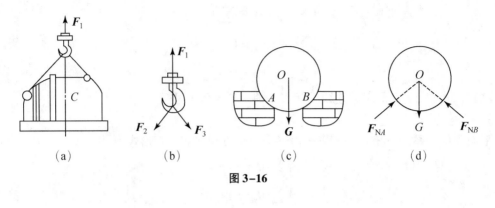

图 3-16

$$\sum M = 0$$

3. 平面平行力系

当平面力系中各力的作用线都互相平行时，该力系称为平面平行力系。例如，梁、屋架、起重物体等结构上所受的力系，常常可以简化为平面平行力系。如图 3-17 所示为平面平行力系。

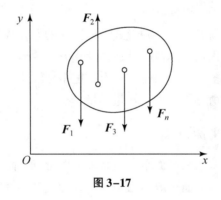

图 3-17

取 y 轴平行于各力的作用线，x 轴垂直于各力的作用线，如图 3-17 所示。可见，垂直于坐标轴的力的投影均为零，于是平面平行力系的平衡方程为

$$\begin{cases} \sum F_y = 0 \\ \sum M_O(F) = 0 \end{cases}$$ (3-21)

平面平行力系平衡方程的二矩式为

$$\begin{cases} \sum M_A(F) = 0 \\ \sum M_B(F) = 0 \end{cases}$$ (3-22)

注意：在式（3-22）中，A，B 两点的连线不能平行于力系的作用线。

平面平行力系只有两个独立的平衡方程，只能求解两个未知量。

3.5.3　平面力系平衡方程的应用

应用平面力系平衡方程求解平衡问题的步骤如下：

（1）选取研究对象。根据已知条件和待求的未知量，选取合适的研究对象。

（2）画受力图。在研究对象上画出它受到的所有荷载和约束反力。

（3）列平衡方程并求解。选取合适的平衡方程形式、投影轴方向和矩心位置。尽量使一个平衡方程中只包含一个未知量，以免求解联立方程。

（4）校核。将计算结果代入不独立的平衡方程，校核解题过程有无错误。

【例 3-10】图 3-18（a）所示支架由杆 BA，BC 组成，A，B，C 处均为光滑铰链，在 B 处悬挂重物 $G = 100$ kN，杆件自重忽略不计，试求杆 BA，BC 所受的力。

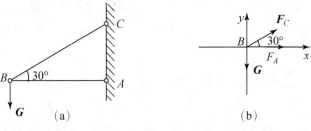

图 3-18

【解】（1）取铰 B 为研究对象。

（2）画受力图，铰 B 所受力系为平面汇交力系。

（3）列平衡方程并求解。建立直角坐标系如图 3-18（b）所示。

$$\sum F_x = 0 \quad F_C \cos 30° + F_A = 0, \quad F_A = -F_C \cos 30° \approx -200 \times 0.866 = -173.2 (\text{kN})$$

$$\sum F_y = 0 \quad F_C \sin 30° - G = 0, \quad F_C = \frac{G}{\sin 30°} = \frac{100}{0.5} = 200 (\text{kN})$$

其中，"-"表示力的实际指向与受力图上假设的指向相反。因此，杆 BA 受压力173.2 kN，杆 BC 受拉力 200 kN。

【例 3-11】悬臂梁 AB 受荷载作用如图 3-19（a）所示，梁的一端是固定支座，另一端为无约束的自由端。已知均布荷载分布集度为 q，梁长为 l，梁的自重忽略不计，求固定支座 A 处的约束反力。

【解】（1）取梁 AB 为研究对象。

（2）画受力图，梁 AB 受力图如图 3-19（b）所示。梁 AB 除受主动力作用，在固定支座 A 处还受支座反力 F_{Ax}，F_{Ay} 和支座反力矩 M_A 的作用，所受力系为平面一般力系。图中支座反力的指向是假定的，如果所求结果为正值，则支座反力的真实方向与假设方向相同，如果为负值，则相反。

（3）列平衡方程并求解。建立直角坐标系如图 3-19（b）所示。

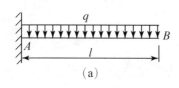 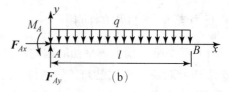

图 3-19

$$\sum F_x = 0 \quad F_{Ax} = 0$$

$$\sum F_y = 0 \quad F_{Ay} - ql = 0, \quad F_{Ay} = ql(\uparrow)$$

$$\sum M_A = 0 \quad M_A - ql \times \frac{l}{2} = 0, \quad M_A = \frac{ql^2}{2}(\curvearrowleft)$$

（4）校核。力系既然平衡，则力系中各力在任意一条轴上的投影的代数和必然等于零，力系中各力对任意一点之矩也必然为零。因此，可以列出其他平衡方程，用来校核计算是否有误。校核如下：

$$\sum M_B = M_A - F_{Ay}l + ql \cdot \frac{l}{2} = \frac{ql^2}{2} - ql^2 + \frac{ql^2}{2} = 0$$

计算无误。

【例 3-12】 简支梁 AB 受荷载作用如图 3-20（a）所示，已知 $F = 50$ kN，$l = 5$ m，$a = 2$ m，$b = 3$ m，试求支座 A，B 处的支座反力。

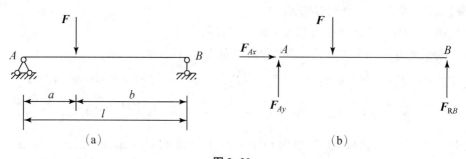

图 3-20

【解】（1）取梁 AB 为研究对象。

（2）画受力图，梁 AB 受力图如图 3-20（b）所示。支座 A 为固定铰支座，有两个未知支座反力 F_{Ax} 和 F_{Ay}，支座 B 为可动铰支座，有一个未知支座反力 F_{RB}。图中支座反力的指向是假定的，如果所求结果为正值，则支座反力的真实方向与假设方向相同，如果为负值，则相反。

（3）列平衡方程并求解。以水平坐标轴为 x 轴，竖直坐标轴为 y 轴建立坐标系（图中未画出）。

$$\sum F_x = 0 \quad F_{Ax} = 0$$

$$\sum M_A = 0 \quad F_{RB}l - Fa = 0, \quad F_{RB} = \frac{Fa}{l} = \frac{50 \times 2}{5} = 20(\text{kN}) \ (\uparrow)$$

$$\sum M_B = 0 \quad -F_{Ay}l + Fb = 0, \quad F_{Ay} = \frac{Fb}{l} = \frac{50 \times 3}{5} = 30(\text{kN}) \ (\uparrow)$$

（4）校核。

$$\sum F_y = F_{Ay} + F_{RB} - F = 30 + 20 - 50 = 0$$

计算无误。

【例3-13】试计算图3-21（a）所示简支梁的支座 A，B 处的支座反力。

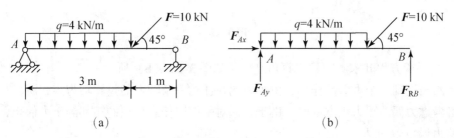

（a）　　　　　　　　　　　　　　　（b）

图 3-21

【解】（1）取梁 AB 为研究对象。

（2）画受力图，如图3-21（b）所示。支座 A 为固定铰支座，有两个未知支座反力 F_{Ax} 和 F_{Ay}，支座 B 为可动铰支座，有一个未知支座反力 F_{RB}。梁所受力系为平面一般力系，未知力是三个力。以水平坐标轴为 x 轴，竖直坐标轴为 y 轴建立坐标系（图中未画出）。

（3）列平衡方程并求解。

$$\sum F_x = 0 \quad F_{Ax} - 10 \times \cos 45° = 0, \quad F_{Ax} \approx 10 \times 0.707 = 7.07(\text{kN}) \ (\rightarrow)$$

$$\sum M_A = 0 \quad 4F_{RB} - 4 \times 3 \times 1.5 - 10 \times \sin 45° \times 3 = 0$$

$$F_{RB} \approx \frac{4 \times 3 \times 1.5 + 10 \times 0.707 \times 3}{4} = 9.8025 \ (\text{kN}) \ (\uparrow)$$

$$\sum F_y = 0 \quad F_{Ay} + F_{RB} - 4 \times 3 - 10 \times \sin 45° = 0$$

$$F_{Ay} \approx 4 \times 3 + 10 \times 0.707 - 9.8025 = 9.2675 \ (\text{kN}) \ (\uparrow)$$

（4）校核。

$$\sum M_B = 4F_{Ay} - 4 \times 3 \times 2.5 - 10 \times \sin 45° \times 1 = 0$$

计算无误。

【例3-14】简支刚架如图3-22（a）所示，已知 $q = 2 \ \text{kN/m}$，$F_1 = 10 \ \text{kN}$，$F_2 = 18 \ \text{kN}$，$M = 8 \ \text{kN·m}$，试求简支刚架的支座反力。

【解】（1）取简支刚架为研究对象。

（2）画受力图，如图3-22（b）所示。图中支座反力的指向都是假设的。

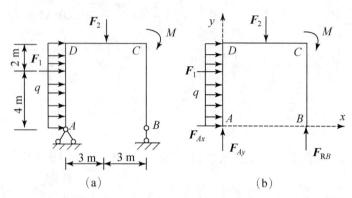

图 3-22

（3）列平衡方程并求解。建立直角坐标系如图 3-22（b）所示。

简支刚架受到一个力偶的作用，由于力偶在任意一条轴上的投影均为零，所以写投影方程时不必考虑力偶。写力矩方程时，由于力偶对平面内任意一点的矩都等于力偶矩，所以可以直接将力偶矩 M 列入。

$$\sum F_x = 0 \quad F_{Ax} + F_1 + 6q = 0, \quad F_{Ax} = -F_1 - 6q = -10 - 6 \times 2 = -22(\text{kN}) \ (\leftarrow)$$

$$\sum M_A = 0 \quad 6F_{RB} - 4F_1 - 3F_2 - M - 6q \times 3 = 0$$

$$F_{RB} = \frac{4F_1 + 3F_2 + M + 18q}{6} = \frac{4 \times 10 + 3 \times 18 + 8 + 12 \times 3}{6} = 23 \ (\text{kN}) \ (\uparrow)$$

$$\sum F_y = 0 \quad F_{Ay} + F_{RB} - F_2 = 0, \quad F_{Ay} = F_2 - F_{RB} = 18 - 23 = -5(\text{kN}) \ (\downarrow)$$

（4）校核。

$$\sum M_B = 3F_2 - 6F_{Ay} - 4F_1 - 6q \times 3 - M = 3 \times 18 - 6 \times (-5) - 4 \times 10 - 6 \times 2 \times 3 - 8 = 0$$

计算无误。

【例 3-15】图 3-23（a）所示为一屋架，由于檩条对屋架的作用，使屋架顶部的各结点受到荷载 F 的作用。已知 $F = 6$ kN，屋架的自重忽略不计，试求支座 A，B 处的支座反力。

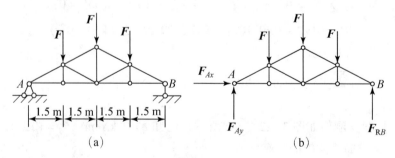

图 3-23

【解】（1）取屋架为研究对象。

（2）画受力图，如图 3-23（b）所示。图中支座反力的指向都是假设的。

（3）列平衡方程并求解。建立直角坐标系（图中未画出）。

$$\sum F_x = 0 \quad F_{Ax} = 0$$

$$\sum M_A = 0 \quad 6F_{RB} - 1.5F - 3F - 4.5F = 0,$$

$$F_{RB} = \frac{1.5F + 3F + 4.5F}{6} = \frac{1.5 \times 6 + 3 \times 6 + 4.5 \times 6}{6} = 9 \ (\text{kN}) \ (\uparrow)$$

$$\sum M_B = 0 \quad -6F_{Ay} + 1.5F + 3F + 4.5F = 0, \quad F_{Ay} = \frac{1.5F + 3F + 4.5F}{6} = 9(\text{kN}) \ (\uparrow)$$

（4）校核。

$$\sum F_y = 0 \quad F_{Ay} + F_{RB} - F - F - F = 9 + 9 - 6 - 6 - 6 = 0$$

计算无误。

【例3-16】图 3-24 所示为一台塔式起重机，机身自重 G = 700 kN，其作用线通过塔架的中心。起重机最长吊臂长为 12 m，轨道 AB 之间的距离为 b = 4 m。最大起重量 F_P = 200 kN，其作用线到右轨的距离 l = 10 m。平衡块重 F_Q，其作用线到左轨的距离 a = 4 m。为了保证起重机在满载和空载时都不翻倒，试求平衡块的重量。

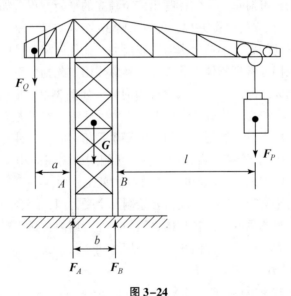

图 3-24

【解】（1）取起重机为研究对象。要使起重机不翻倒，应使作用在起重机上的所有力满足平衡条件。起重机所受的力有 G，F_P，F_Q 及支座反力 F_A 和 F_B，受力图如图 3-24 所示。

（2）当起重机满载时，起重机的最大起重量 F_P = 200 kN。平衡块的作用是使起重机不会绕着 B 点翻倒。因此，起重机的受力需满足 $\sum M_B = 0$，在临界情况下，$F_A = 0$，这时求出

的 F_Q 是满载时使起重机不翻倒的最小值。

$$\sum M_B = 0 \quad F_{Q\min} \times (4+4) + 2 \times G - 10 \times F_P = 0, \quad F_{Q\min} = 75(\text{kN})$$

（3）当起重机空载时，$F_P = 0$，这时平衡块不能太重，以免使起重机绕着 A 点翻倒。因此，起重机的受力需满足 $\sum M_A = 0$，在临界情况下，$F_B = 0$，这时求出的 F_Q 是空载时使起重机不翻倒的最大值。

$$\sum M_A = 0 \quad F_{Q\max} \times 4 - 2 \times G = 0, \quad F_{Q\max} = 350(\text{kN})$$

从满载和空载两种临界平衡状态的分析可知，为使起重机在正常工作状态下不翻倒，平衡块重量的取值范围为 75 kN$\leq F_Q \leq$ 350 kN。

3.6　物体系统的平衡

前面讨论的都是单个物体的平衡问题。在实际工程中，往往是几个物体通过一定的约束联系在一起，称之为物体系统。如图 3-25（a）所示的三铰刚架就是由几个物体组成的物体系统。

当整个物体系统处于平衡状态时，系统中各个部分也都处于平衡状态。如果每个物体都受平面一般力系的作用，可对每一个物体写出三个独立的平衡方程。如果物体系统由 n 个物体组成，则可写出 $3n$ 个独立的平衡方程，可以求解 $3n$ 个未知量。

求解物体系统的平衡问题，不仅要求解支座反力，往往还需要求解系统内部物体与物体之间的相互约束力。我们通常把物体系统以外的物体作用在此物体系统上的力称为外力，把物体系统内部物体与物体之间的相互作用力称为内力。如图 3-25 所示的三铰刚架中，支座 A 和支座 B 处的支座反力和均布荷载就是外力，光滑圆柱铰链 C 处左右两侧刚架之间的相互作用力就是三铰刚架的内力。注意外力和内力的概念是相对的，是针对研究对象而言的。如图 3-25 所示，对于整个三铰刚架来说，C 处左右两侧刚架之间的相互作用力是内力，但对于左半侧刚架或右半侧刚架来说，C 处的相互作用力就是外力。

在求解物体系统的平衡问题时，可能需要绘制几个受力图，综合起来进行分析计算。绘制受力图时，需要注意物体系统内部各物体之间的相互作用力总是成对出现的，它们是作用力与反作用力的关系，大小相等、方向相反、作用在同一条直线上。

下面举例说明求解物体系统的平衡问题。

【例 3-17】 已知 $q = 2$ kN/m，$F = 2$ kN，$a = 3$ m，$b = 4$ m，$c = 2$ m，试求图 3-25（a）所示三铰刚架支座 A 和支座 B 处的支座反力。

【解】（1）取整个刚架为研究对象。画出整个刚架的受力图，如图 3-25（b）所示，有四个未知力，利用三个平衡方程无法全部求出。因此将结构拆开，分别画出右半刚架、左半刚架的受力图如图 3-25（c）、图 3-25（d）所示。这时两个受力图一共有六个未知力，可列出六个平衡方程来求解。

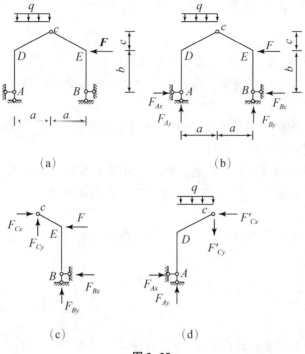

图 3-25

（2）以图 3-25（b）整体刚架为研究对象，列平衡方程：

$$\sum M_A = 0 \quad 2aF_{By} - \frac{qa^2}{2} + Fb = 0, \quad F_{By} = \frac{\frac{qa^2}{2} - Fb}{2a} = \frac{\frac{2 \times 3^2}{2} - 2 \times 4}{2 \times 3} \approx 0.167(\text{kN})(\uparrow)$$

$$\sum M_B = 0 \quad -2aF_{Ay} + \frac{3qa^2}{2} + Fb = 0, \quad F_{Ay} = \frac{\frac{3qa^2}{2} + Fb}{2a} = \frac{\frac{3 \times 2 \times 3^2}{2} + 2 \times 4}{2 \times 3} \approx 5.833(\text{kN})(\uparrow)$$

$$\sum F_x = 0 \quad F_{Ax} - F_{Bx} - F = 0$$

显然，有四个未知力，利用整体平衡的三个平衡方程无法求出全部支座反力。因此，再选取刚架的右半部分或者左半部分为研究对象，受力图分别如图 3-25（c）、图 3-25（d）所示。

（3）取右半刚架研究对象。受力图如图 3-25（c）所示。

$$\sum M_C = 0 \quad -F_{Bx}(b+c) - Fc + F_{By}a = 0, \quad F_{Bx} = \frac{F_{By}a - Fc}{b+c} = \frac{0.167 \times 3 - 2 \times 2}{2+4} \approx -0.583 \ (\text{kN}) \ (\rightarrow)$$

（4）以整个刚架为研究对象，列平衡方程：

$$\sum F_x = 0 \quad F_{Ax} - F_{Bx} - F = 0, \quad F_{Ax} = F_{Bx} + F = -0.583 + 2 = 1.417(\text{kN}) \ (\rightarrow)$$

（5）校核。以左半刚架为研究对象，受力图如图 3-25（d）所示。

$$\sum M_C = 0 \quad F_{Ax}(b + c) - F_{Ay} \cdot a + qa \cdot \frac{a}{2} = 0$$

计算正确。

在进行物体系统的平衡计算时，需要注意以下几点：

（1）在计算物体系统的平衡时，往往要将物体系统拆开进行分析，可能需要将几个受力图综合起来进行考虑。

（2）在绘制受力图时一般应首先分析整体的物体系统，注意正确地区分内力和外力，注意作用力与反作用力之间的关系。

（3）对于 n 个物体组成的物体系统，理论上可以列出 $3n$ 个相互独立的平衡方程，但在进行求解时，不一定要把 $3n$ 个方程都列出来，要根据整体和各部分受力的情况，恰当地选择平衡方程。

（4）在列平衡方程进行求解时，要注意选取合适的坐标轴和矩心，尽量使一个方程中只包含一个未知数。

本章小结

1. 力的投影

从力矢量的始点和终点分别向 x 轴、y 轴作垂线，得到两个交点。这两个交点之间的距离称为力在该坐标轴的投影。力的投影是标量。

如果一个力与一个力系等效，则称该力为这个力系的合力，而力系中的各力称为合力的分力。合力在任意一条坐标轴上的投影等于力系中各分力在同一条坐标轴上投影的代数和。

2. 力矩

力对某点的矩是度量力使物体绕某点转动效应的物理量。合力对某点的矩等于各分力对同一点之矩的代数和。

3. 力偶

作用在同一物体上的大小相等、方向相反且不共线的两个平行力组成的力系称为力偶。力偶的三要素为力偶矩的大小、力偶的转向和力偶的作用平面。

平面力偶系的合成结果是一个合力偶，其合力偶矩等于力偶系中各个力偶矩的代数和。

4. 力的平移定理

力的平移定理：作用在刚体上的力 $\boldsymbol{F}$，可以平行移动到同一刚体上的任意一点 O，但必须附加一个力偶，其力偶矩等于力 $\boldsymbol{F}$ 对新作用点 O 的矩。

平面一般力系经过简化与合成，可以得到一个主矢 $\boldsymbol{F}'$ 和一个主矩 M_O，主矢就是原力系中各力的矢量和，主矩就是原力系各力对简化中心的矩的代数和。

平面一般力系向一点简化的最终结果有三种：一个力、一个力偶、力系平衡。

5. 平面力系的平衡方程

（1）平面一般力系的平衡条件与平衡方程。

平面一般力系平衡的充分必要条件是力系的主矢和主矩同时为零，即

$$\begin{cases} F' = 0 \\ M_O = 0 \end{cases}$$

平面一般力系的平衡方程有三种形式。

① 基本形式。

$$\begin{cases} \sum F_x = 0 \\ \sum F_y = 0 \\ \sum M_O(F) = 0 \end{cases}$$

② 二矩式。

$$\begin{cases} \sum F_x = 0 \ 或 \ \sum F_y = 0 \\ \sum M_A(F) = 0 \\ \sum M_B(F) = 0 \end{cases}$$

A，B 两点的连线不能与 x 轴（或 y 轴）垂直。

③ 三矩式。

$$\begin{cases} \sum M_A(F) = 0 \\ \sum M_B(F) = 0 \\ \sum M_C(F) = 0 \end{cases}$$

A，B，C 三点不能共线。

平面一般力系可以写出也只能写出三个相互独立的平衡方程，因此运用平衡方程最多只能求出三个未知量。

（2）平面汇交力系。

平面汇交力系合成的最终结果是一个合力，平面汇交力系平衡的充分必要条件是合力等于零，即

$$\begin{cases} \sum F_x = 0 \\ \sum F_y = 0 \end{cases}$$

平面汇交力系只有两个独立的平衡方程，运用这两个方程可以求解出两个未知量。

（3）平面力偶系。

平面力偶系平衡的充分必要条件是力偶系中各力偶矩的代数和等于零，即

$$\sum M = 0$$

（4）平面平行力系。

平面平行力系的平衡方程为

$$\begin{cases} \sum F_y = 0 \\ \sum M_o(F) = 0 \end{cases}$$

或

$$\begin{cases} \sum M_A(F) = 0 \\ \sum M_B(F) = 0 \end{cases}$$

A，B 两点的连线不能平行于力系的作用线。

平面平行力系只有两个独立的平衡方程，只能求解两个未知量。

6. 物体系统的平衡

物体系统的平衡问题的求解方法和单个物体的平衡问题一样，都是运用平衡方程进行计算，但是在计算物体系统的平衡时，往往要将物体系统拆开进行分析，可能需要将几个受力图综合起来进行考虑，在列平衡方程进行求解的时候，要注意选取合适的坐标轴和矩心，尽量使一个方程中只包含一个未知数。

思 考 题

1. 在什么情况下，力在坐标轴上的投影等于力的大小？在什么情况下，力在坐标轴上的投影等于零，而力本身不为零？

2. 合力一定比分力大吗？

3. 在日常生活中，用手拔钉子拔不出来，为什么用钉锤一下子就能拔出来？

4. 力偶的合力为零，这个说法正确吗？

5. 力偶的基本性质有哪些？

6. 平面一般力系都可以简化为一个力吗？

7. 什么是力的平移定理？

8. 平面一般力系平衡的充分必要条件是什么？

9. 平面一般力系的平衡方程有哪几种形式？

习 题

3-1 试求出图 3-26 所示的各力在 x 轴和 y 轴上的投影。已知 $F_1 = 200\ \text{N}$，$F_2 = 150\ \text{N}$，$F_3 = 200\ \text{N}$，$F_4 = 200\ \text{N}$，各力方向如图 3-26 所示。

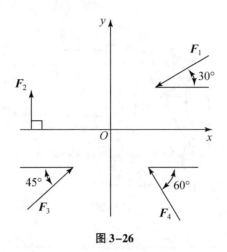

图 3-26

3-2　如图 3-27 所示，四个力作用于 O 点，已知 $F_1 = 40$ N，$F_2 = 50$ N，$F_3 = 60$ N，$F_4 = 80$ N，各力方向如图 3-27 所示，试求该汇交力系的合力。

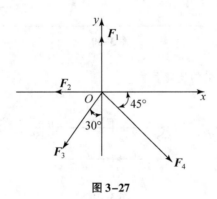

图 3-27

3-3　试求出图 3-28 所示的各图中力 F 对点 O 的矩。

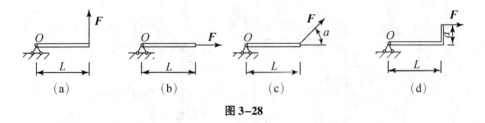

图 3-28

3-4　图 3-29 所示的挡土墙，墙身重 $W = 300$ kN，土压力 $F_1 = 200$ kN，水压力 $F_2 = 120$ kN。试求这些力向 O 点简化的结果。

3-5　求图 3-30 所示力偶的合力偶矩。已知 $F_1 = F_1' = 100$ N，$F_2 = F_2' = 150$ N，$F_3 = F_3' = 100$ N，$d_1 = 80$ cm，$d_2 = 70$ cm，$d_3 = 50$ cm。

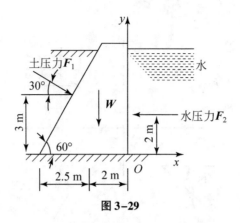

图 3-29

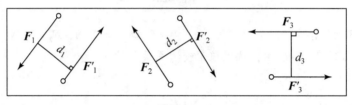

图 3-30

3-6 求图3-31所示各梁的支座反力。

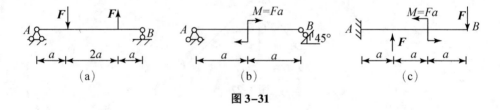

图 3-31

3-7 求图3-32所示刚架的支座反力。

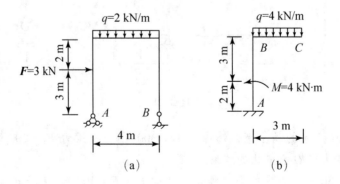

(a)   (b)

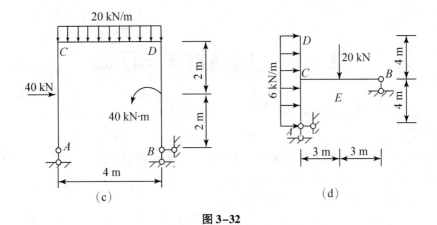

图 3-32

3-8　求图 3-33 所示三铰刚架的支座反力。

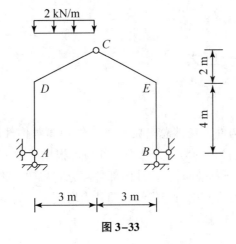

图 3-33

第4章　轴向拉伸与压缩

学习要求

1. 掌握构件轴向拉伸与压缩时的内力计算及绘制内力图的方法。
2. 理解材料在轴向拉伸与压缩时的力学性能。
3. 掌握轴向拉压杆的强度计算。

学习重点

1. 构件轴向拉伸与压缩时的内力计算及内力图绘制。
2. 轴向拉压杆的强度计算。

4.1　内力、截面法、应力

4.1.1　内力

本章研究的对象都是构件，构件总是要受到其他物体对构件产生的作用力，其他构件（及其他物体）作用于该构件上的力均为外力，外力可根据静力平衡方程求出。而构件在外力的作用下，将发生变形，与此同时，构件内部各部分间将产生相互作用力，此相互作用力称为内力。内力是随着外力的变化而变化的，即外力增大，内力也随着增大，如果把外力去掉，那么内力也随之消失。也就是说，内力只与外力有关。

4.1.2　截面法

内力是物体内相邻部分之间的相互作用力，虽然内力是随着外力的增大而增大，但是有一个限制，当外力增加到一定的程度时，构件可能发生破坏。内力是建筑力学研究的重要内容，计算内力的基本方法是截面法。

一个变形固体受到一个力系作用，求它任意截面的内力。首先，用一个假想的截面将构件截开，则将原构件分成两部分（也称隔离体），取其中任意一部分为研究对象，去掉另一部分，然后画出受力图。注意画受力图时，除了原有的外力必须画上，还要画上去掉的那部分构件对留下部分的作用力，这个作用力就是前面所提到的内力。当变形固体处于平衡状态时，从变形固体上截取的任意一部分也处于静力平衡状态，用静力平衡方程可以求出截面上的内力。

由于先要用假想的截面将构件截开来求内力，所以把这种方法称截面法。用截面法求内力可归纳为三个字：

（1）截，欲求某一截面的内力，先用一个假想的截面将构件截开。

（2）代，取其中的一部分为研究对象，弃掉的那部分对分析部分的作用以内力来代替。

（3）平，列静力平衡方程，求出截面上的内力。

截面法是建筑力学中求内力的最基本的方法，是已知构件外力求内力的普遍使用方法。

4.1.3　应力

对一定尺寸的构件来说，内力越大越危险，内力达到一定程度时构件就会破坏。但在确定了构件内力后，还不能判断构件是否因强度不足而破坏，因为用截面法确定的内力是截面上分布内力的合成结果，它没有表明该力系的分布规律。特别是对截面尺寸不同的构件来说，其危险程度更难用内力的数值进行比较。例如，如图 4-1 所示的两个材料相同而截面面积不同的受拉杆，在相同拉力 F 作用下，两根杆横截面上的内力相同，但是两根杆的危险程度不同，显然细杆比粗杆更容易被拉断。

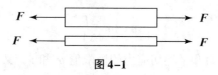

图 4-1

因此，要判断构件是否因强度不足而破坏，还必须知道截面上内力的分布规律，找出截面上哪个点最危险。这就需要研究内力在截面上的分布情况，由此引进应力的概念来描述截面上内力的分布，如图 4-2 所示。在国际单位制中，力与面积的单位分别为 N 与 m^2，则应力的单位为 Pa，1 Pa=1 N/m^2，由于 Pa 的单位很小，通常用 MPa（1 MPa=10^6 Pa）。

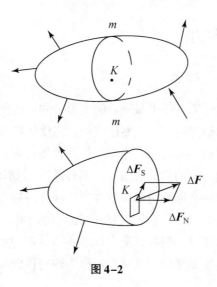

图 4-2

图 4-2 所示的任意一个受力构件，用横截面 $m-m$ 将受力体截开，只研究此横截面上的 K 点附近的内力。围绕 K 点取微小面积 ΔA，并设 ΔA 上分布内力的合力为 ΔF。ΔF 的大小和方向与所取 K 点的位置和面积 ΔA 有关。将 ΔF 与 ΔA 的比值称为微小面积 ΔA 上的平均应力，用 p_m 表示，即

$$p_m = \frac{\Delta F}{\Delta A} \qquad (4-1)$$

其中，p_m 代表了 ΔA 上应力分布的平均集中程度，将 ΔF 沿截面的法向和切向分解，得法向和切向内力分量 ΔF_N，ΔF_S，从而得到平均正应力 σ_m 和平均切应力 τ_m，即

$$\sigma_m = \frac{\Delta F_N}{\Delta A} \qquad (4-2)$$

$$\tau_m = \frac{\Delta F_S}{\Delta A} \qquad (4-3)$$

为了更精确地描述应力的分布情况，应使 $\Delta A \longrightarrow 0$，由此得到平均应力的极限值 p，也称为 K 点的总应力值，即

$$p = \lim_{\Delta A \to 0} \frac{\Delta F}{\Delta A} \qquad (4-4)$$

同理，可得到平均正应力和平均切应力的极限值 σ 和 τ，又分别称为 K 点的正应力和切应力，即

$$\sigma = \lim_{\Delta A \to 0} \frac{\Delta F_N}{\Delta A} \qquad (4-5)$$

$$\tau = \lim_{\Delta A \to 0} \frac{\Delta F_S}{\Delta A} \qquad (4-6)$$

4.2　轴向拉压杆的内力

4.2.1　轴向拉伸与压缩的概念

轴向拉伸与压缩变形是受力杆件中最简单的变形，如液压传动机构中的活塞杆、桁架结构中的杆件、起吊重物时的钢丝绳等，虽然这些受拉或受压杆件的外形各有差异、加载方式也并不相同，但它们有如下的共同特点：作用于杆件各横截面上外力合力的作用线与杆件轴线重合，杆件变形是沿轴线方向的伸长或缩短。当杆件受力如图 4-3（a）所示时，杆件将产生沿轴向伸长的变形，这种变形称为轴向拉伸，这种杆件称为轴向拉杆，简称拉杆；当杆件受力如图 4-3（b）所示时，杆件将产生沿轴向缩短的变形，这种变形称为轴向压缩，这种杆件称为轴向压杆，简称压杆；当杆件受力如图 4-3（c）所示时，杆件上一些杆段产生伸长变形，另一些杆段产生缩短变形，这种变形称为轴向拉伸与压缩，这种杆件称为轴向拉压杆。

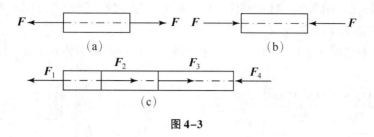

图 4-3

4.2.2　轴向拉压杆横截面上的内力

以图 4-4（a）所示的拉杆为例，用截面法求杆件横截面 m-m 上内力的步骤为：

（1）用一假想平面在 m-m 处将杆件切开，杆件被分为左右两段。

（2）任取其中一段为研究对象，并画出其受力图，如图 4-4（b）和图 4-4（c）所示。杆件左右两段在横截面 m-m 上相互作用的内力是一个分布力系，其合力用 F_N 表示。

（3）左段杆（或右段杆）在外力和内力共同作用下处于平衡状态。建立坐标轴 x，如图 4-4（d）所示，列平衡方程 $\sum F_x = 0$，得

$$F_N = F$$

因为外力 F 的作用线与杆件轴线重合，所以横截面上内力的合力 F_N 的作用线与杆件轴线重合，力学中把与杆件轴线重合的内力称为轴力，用 F_N 表示，其单位为 N 或 kN。通常规定：拉力取正号，压力取负号。

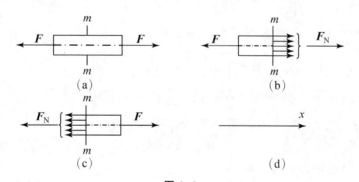

图 4-4

4.2.3　轴力图

轴力图是反映杆件上各横截面轴力随横截面位置变化的图形。

轴力图的画法：用平行于杆件轴线的坐标轴表示杆件横截面的位置，以垂直于杆件轴线的坐标轴表示相应横截面上的轴力大小。对于水平杆，拉力画在上侧，压力画在下侧；对于竖直杆，可任意安排，但同一根杆上的拉力和压力应分别画在杆的两侧。图形线条画完后必

须对图形进行标注：标图名、标控制值、标正负号、标单位。下面通过例题来说明轴力的计算过程和轴力图的绘制方法。

【例4-1】杆件受力如图4-5（a）所示。试求杆件内的轴力并画出轴力图。

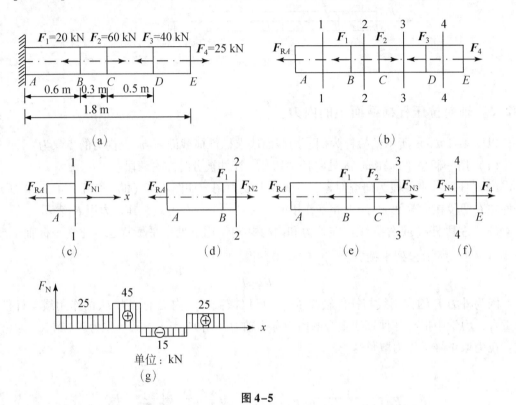

图4-5

【解】（1）为了计算方便，首先求出支座反力 F_{RA}。

如图4-5（b）所示，整个杆的平衡方程 $\sum F_x = 0$，得

$$-F_{RA}+60-20-40+25=0$$

$$F_{RA}=25 \text{ kN}$$

（2）求各段杆的轴力。

① 求 AB 段的轴力：用1-1截面将杆件在 AB 段内截开，取左段为研究对象，如图4-5（c）所示。以 F_{N1} 表示截面上的轴力，并假设其为拉力，由平衡方程 $\sum F_x = 0$，得

$$-F_{RA}+F_{N1}=0$$

$$F_{N1}=F_{RA}=25 \text{ kN}$$

计算结果为正号，表示 AB 段的轴力为拉力。

② 求 BC 段的轴力：用2-2截面将杆件在 BC 段内截断，取左段为研究对象，如图4-5（d）所示。由平衡方程 $\sum F_x = 0$，得

$$-F_{RA}+F_{N2}-20=0$$

$$F_{N2}=20+F_{RA}=45(\text{kN})$$

计算结果为正号，表示 BC 段的轴力为拉力。

③ 求 CD 段的轴力：用 3-3 截面将杆件在 CD 段内截断，取左段为研究对象，如图 4-5（e）所示。由平衡方程 $\sum F_x=0$，得

$$-F_{RA}-20+60+F_{N3}=0$$

$$F_{N3}=-15\ \text{kN}$$

计算结果为负号，表示 CD 段的轴力为压力。

④ 求 DE 段的轴力：用 4-4 截面将杆件在 DE 段内截断，取右段为研究对象，如图 4-5（f）所示。由平衡方程 $\sum F_x=0$，得

$$25-F_{N4}=0$$

$$F_{N4}=25\ \text{kN}$$

计算结果为正号，表示 DE 段的轴力为拉力。

（3）画轴力图。

以平行于杆轴的 x 轴为横坐标，垂直于杆轴的 F_N 轴为纵坐标轴，按一定比例将各段轴力标在坐标轴上，可画出轴力图如图 4-5（g）所示。

4.3　轴向拉压杆横截面上的应力

要计算轴向拉压杆横截面上的应力，必须了解轴力在横截面上的分布情况。杆件在受到外力作用引起内力的同时，必然发生变形，由于内力和变形之间是相互关联的，因此，可通过观察杆件的变形来揭示内力的分布规律，进而确定应力的计算公式。

取一等截面直杆（长方体），在加载前，在杆件表面等间距地画上与杆轴平行的纵向线以及与杆轴垂直的横向线，如图 4-6（a）所示；然后在杆件两端施加轴向外力——一对拉力。可以看到：在施加外力之后，各纵向线、横向线仍为直线，并分别平行和垂直于杆轴，只是横向线间的距离增加了，纵向线间的距离减小了，杆件中间部位的原纵横线形成的正方形网格均变成了大小相同的长方形网格，如图 4-6（b）所示。

由上述试验可知：杆件在轴向拉伸或压缩时，除两端外力作用点附近外，杆件上的绝大部分变形是均匀的。根据上述试验结果，可对轴向拉压杆内部的变形做如下假定：杆件受轴向拉伸或压缩时，变形前为平面的横截面，变形后仍保持为平面，并且垂直于杆件轴线，只是各横截面沿杆件轴线做了相对平移。此假设通常称为平面假设。

将杆件设想成由无数根平行于杆件轴线的纵向纤维所组成，则由平面假设可知，所有纤维在任意两横截面之间的变形都一样，而且只有线应变。在变形固体的基本假定中已经假定材料是均匀的，现在各纵向纤维变形相同，意味着它们受力也相同，由此可见，轴向拉压杆

横截面上各点处的应力相等，其方向均垂直于横截面，如图 4-6（c）所示，也就是说，轴向拉压杆横截面上只有正应力，且分布均匀。正应力用公式表示为

$$\sigma = \frac{F_N}{A} \tag{4-7}$$

式中：F_N——杆件横截面上的轴力；

A——杆件横截面的面积。

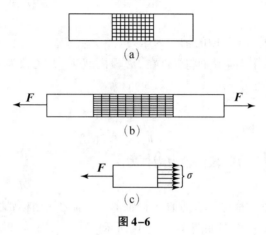

（a）

（b）

（c）

图 4-6

正应力可分为拉应力和压应力。与拉力对应的是拉应力，取正号；与压力对应的是压应力，取负号。

【例4-2】 如图 4-7（a）所示变截面圆钢杆 ABCD 称为阶梯杆。已知 $F_1 = 20$ kN，$F_2 = 35$ kN，$F_3 = 35$ kN，试求圆钢杆各横截面的轴力。已知圆钢杆的直径分别为 $d_1 = 12$ mm，$d_2 = 16$ mm，$d_3 = 24$ mm，试求各段横截面上的正应力。

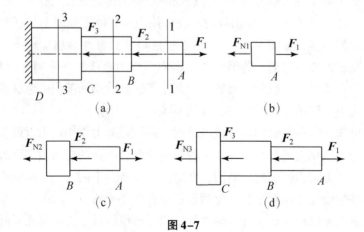

图 4-7

【解】（1）求内力（过程略）。

利用截面法求得 1-1，2-2，3-3 各横截面上的轴力为

$$F_{N1} = 20 \text{ kN（拉力）}$$

$$F_{N2} = -15 \text{ kN（压力）}$$

$$F_{N3} = -50 \text{ kN（压力）}$$

（2）求正应力。

由公式（4-7），即可分别计算出 1-1，2-2，3-3 各横截面上的正应力。

AB 段：$\sigma_1 = \dfrac{F_{N1}}{A_1} = \dfrac{4 \times 20 \times 10^3}{\pi \times 12^2} \approx 176.84\,(\text{MPa})$（拉应力）

BC 段：$\sigma_2 = \dfrac{F_{N2}}{A_2} = \dfrac{4 \times (-15) \times 10^3}{\pi \times 16^2} \approx -74.60\,(\text{MPa})$（压应力）

CD 段：$\sigma_3 = \dfrac{F_{N3}}{A_3} = \dfrac{4 \times (-50) \times 10^3}{\pi \times 24^2} \approx -110.52\,(\text{MPa})$（压应力）

4.4 轴向拉压杆的变形

直杆在轴向拉力作用下，将引起轴向尺寸的增大和横向尺寸的减小，如图 4-8（a）所示；反之，直杆在轴向压力作用下，将引起轴向尺寸的减小和横向尺寸的增大，如图 4-8（b）所示。轴线方向的变形称为纵向变形，横向方向的变形称为横向变形。本节只讨论杆件的纵向变形。

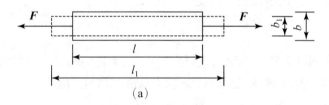

（a）

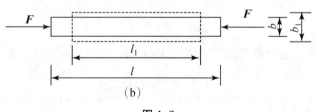

（b）

图 4-8

设杆件原长为 l，杆件发生变形后的杆长为 l_1，杆件长度的改变量为

$$\Delta l = l_1 - l \tag{4-8}$$

其中，Δl 称为杆件的纵向变形。轴向拉伸时杆件伸长 Δl，取正号，轴向压缩时杆件缩短 Δl，取负号。

由常识可知：对于相同材料制成的轴向拉压杆，在杆长 l 和横截面面积 A 一定时，杆的轴力 F_N（或轴向外力 F）越大，则杆的纵向变形 Δl 就越大；在轴力 F_N 和横截面面积 A 一定时，杆长 l 越长，则 Δl 越大；在轴力 F_N 和杆长 l 一定时，杆越粗（横截面面积 A 越大），则 Δl 越小。当然，在轴力 F_N、横截面面积 A 和杆长 l 一定时，杆的材料不同，Δl 也将不一样。

试验表明：在材料的比例极限范围内，杆件的纵向变形 Δl 与轴力 F_N、杆长 l 成正比，而与杆的横截面面积 A 成反比，即

$$\Delta l \propto \frac{F_N l}{A} \tag{4-9}$$

引进一个比例常数 E，则有

$$\Delta l = \frac{F_N l}{EA} \tag{4-10}$$

这一结论称为胡克定律。式（4-10）是轴向拉压杆的纵向变形计算公式，比例常数 E 称为材料的拉压弹性模量，其值随材料而异并由试验测定，其单位与应力的单位相同，一些常用材料的 E 值见表4-1。

从式（4-10）可以看出：对于长度相等、受力相等的杆件，EA 越大，纵向变形 Δl 越小；EA 越小，纵向变形 Δl 越大。EA 反映了杆件抵抗拉伸（或压缩）变形的能力，称为抗拉（或抗压）刚度。此外，还可以看出 Δl 与杆件的原长 l 有关，为了确切地反映材料的变形情况，将 Δl 除以杆件的原长 l，用单位长度的变形 ε 表示，则有

$$\varepsilon = \frac{\Delta l}{l} \tag{4-11}$$

其中，ε 称为纵向线应变（或纵向相对变形），是无量纲的量。拉伸时 Δl 为正值，ε 也为正值，称为拉应变；压缩时 Δl 为负值，ε 也为负值，称为压应变。

将 $\varepsilon = \dfrac{\Delta l}{l}$ 和 $\sigma = \dfrac{F_N}{A}$ 代入式（4-10）得到胡克定律的另一种表达式

$$\varepsilon = \frac{\sigma}{E} \text{或} \sigma = E\varepsilon \tag{4-12}$$

式（4-12）表明：在材料的比例极限范围内，应力与纵向线应变成正比。

表4-1　常用材料的 E 值

材料名称	$E/(\times 10^5 \text{ MPa})$
低碳钢	2.0 ~ 2.2
16 锰钢	2.0 ~ 2.2
铸铁	0.59 ~ 1.62

续表

材料名称	$E/(\times 10^5 \text{ MPa})$
铝	0.71
铜	0.72 ~ 1.3
混凝土	0.15 ~ 0.36
木材（顺纹）	0.10 ~ 0.12
花岗岩	0.49
橡胶	0.000 078
钨	3.5

【例 4-3】 一变截面钢杆如图 4-9（a）所示，已知材料的弹性模量 $E = 200$ GPa，AB 段杆的横截面面积为 $A_1 = 200 \text{ mm}^2$，BC 段杆的横截面面积为 $A_2 = 400 \text{ mm}^2$，CD 段杆的横截面面积为 $A_3 = 400 \text{ mm}^2$，杆的受力情况及各段杆长如图 4-9（a）所示。试求：

（1）杆件横截面上的应力；

（2）杆件的纵向总变形。

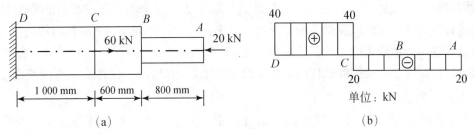

（a）   （b）

图 4-9

【解】（1）计算各段杆的轴力，画轴力图。

AB 段：$F_{N1} = -20$（kN）（压力）

BC 段：$F_{N2} = -20$（kN）（压力）

CD 段：$F_{N3} = 60 - 20 = 40$（kN）（拉力）

根据计算结果画出杆的轴力图，如图 4-9（b）所示。

（2）计算各段杆的应力。

AB 段：$\sigma_1 = \dfrac{F_{N1}}{A_1} = \dfrac{-20 \times 10^3}{200} = -100$（MPa）（压应力）

BC 段：$\sigma_2 = \dfrac{F_{N2}}{A_2} = \dfrac{-20 \times 10^3}{400} = -50$（MPa）（压应力）

CD 段：$\sigma_3 = \dfrac{F_{N3}}{A_3} = \dfrac{40 \times 10^3}{400} = 100$（MPa）（拉应力）

（3）计算杆件的纵向总变形。

$$\Delta l = \Delta l_1 + \Delta l_2 + \Delta l_3 = \frac{F_{N1} l_1}{EA_1} + \frac{F_{N2} l_2}{EA_2} + \frac{F_{N3} l_3}{EA_3}$$

$$= \frac{-20 \times 10^3 \times 800}{200 \times 10^3 \times 200} + \frac{-20 \times 10^3 \times 600}{200 \times 10^3 \times 400} + \frac{40 \times 10^3 \times 1\,000}{200 \times 10^3 \times 400}$$

$$= -0.4 - 0.15 + 0.5 = -0.05\,(\text{mm})$$

Δl 值为负值，说明杆件缩短了。

【例 4-4】为了检测钢屋架在使用期间 AB 杆的应力，用仪器测得 AB 杆的线应变为 $\varepsilon = 4 \times 10^{-4}$，已知钢屋架的材料为 Q235 钢，其弹性模量 $E = 2 \times 10^5$ MPa，试求 AB 杆的应力。

【解】根据测得的 AB 杆应变 ε，由胡克定律可直接求得该杆的应力为

$$\sigma = E\varepsilon = 2 \times 10^5 \times 4 \times 10^{-4} = 80\,(\text{MPa})\,(\text{拉应力})$$

注意：这种用仪器测出杆件受力后的应变值，然后用胡克定律计算出杆件应力的办法，常用来对已建成的建筑物进行应力测算，从而检查这些构件的应力是否符合设计要求。

4.5 材料在轴向拉压时的力学性能

所谓材料力学性能，主要是指材料在外力作用下表现出来的变形和破坏方面的性能指标。测定材料力学性能的试验是多种多样的，其中在常温、静载条件下的材料轴向拉伸和压缩试验是最基本、最简单的一种。

对于拉伸试验，标准拉伸试件的形状和尺寸如图 4-10 所示，试件的工作段长度（称为标距）规定：圆形截面试件 $l = 10d$ 或 $l = 5d$，矩形截面试件 $l = 11.3\sqrt{A}$ 或 $l = 5.65\sqrt{A}$，其中，d 为试件标距部分的直径，A 为试件标距部分的横截面的面积。对于压缩试验，金属材料的压缩试件一般制成很短的圆柱体，如图 4-11 所示，规定圆截面试件的高度 h 为直径 d 的 1~3 倍。

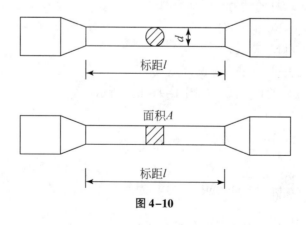

图 4-10

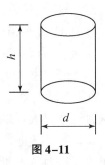

图 4-11

土木工程中使用的建筑材料是复杂多样的，力学研究中根据材料破坏时塑性变形的大小通常将材料分为两类：塑性材料和脆性材料。低碳钢是典型的塑性材料，铸铁是典型的脆性材料，因此本节将着重介绍低碳钢和铸铁的轴向拉伸和压缩试验及其力学性能。

4.5.1　低碳钢在轴向拉伸时的力学性能

1. 低碳钢的强度指标

在低碳钢的轴向拉伸试验过程中，拉力 F 与试件的伸长量 Δl 存在一一对应的关系，如图 4-12 所示。为了解材料本身的力学性能，通常以正应力 σ 为纵坐标、以纵向线应变 ε 为横坐标，绘制 σ-ε 曲线（又称为应力应变图），如图 4-13 所示。材料的 σ-ε 曲线较好地反映了低碳钢拉伸时的力学性能，分析和总结 σ-ε 曲线即可得到低碳钢拉伸时的力学性能。

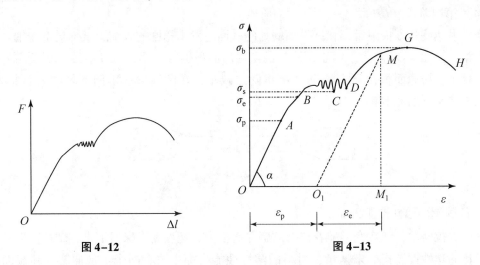

图 4-12　　　　　　　　　图 4-13

根据低碳钢拉伸时的 σ-ε 曲线，通常把低碳钢的拉伸过程大致分为以下四个阶段。

（1）第一阶段（OAB 段）———弹性阶段。

如图 4-13 所示，在弹性阶段内，开始的 OA 段为直线段，表明应力与应变呈线性关系，斜直线 OA 的斜率 $k=\tan\alpha$ 就是材料的弹性模量 E，此时材料服从胡克定律 $\sigma=E\varepsilon$，A 点是直线段的最高点，A 点处的应力值称为材料的比例极限应力，用 σ_{p} 表示。超过 A 点后，应力与应变不再呈直线关系，曲线变弯，但变形仍然是弹性的，本段最高点 B 点处的应力值称为材料的弹性极限应力，用 σ_e 表示。由于 A、B 两点非常接近，它们所对应的两个极限值 σ_p 与 σ_e 虽然含义不同，但数值上相差不大，所以在工程应用中对两者不做严格区分，近似地认为材料在弹性范围内服从胡克定律。低碳钢拉伸时的比例极限应力约为 200 MPa。

（2）第二阶段（BCD 段）———屈服阶段。

该段图形为一段近似为水平线的锯齿线，表明试件的应力仅在很小的范围内上下波动，而应变则急剧增加。这种应力基本不变、应变明显增大的现象通常称为屈服或流动，犹如材料丧失了抵抗能力，对外力屈服了一样，故此阶段称为屈服阶段。屈服阶段中最低点 C 点处的应力值称为材料的屈服极限应力，用 σ_s 表示。材料屈服时，材料几乎丧失了抵抗变形的能力，发生了较大的塑性变形，使材料不能正常工作，因此，屈服极限应力 σ_s 是衡量材料强度的重要指标，是强度设计的依据。低碳钢拉伸时的屈服极限应力约为 240 MPa。

（3）第三阶段（DG 段）———强化阶段。

过了屈服阶段之后，由于塑性变形使得试件内部晶格结构发生了变化，材料又恢复了抵抗变形的能力，此时，应变又随着应力的增大而增大，在图中形成了上升的上凸曲线 DG 段，这种现象称为材料的强化，这一阶段称为强化阶段。强化阶段的最高点 G 点处的应力值称为材料的强度极限应力，用 σ_b 表示。强度极限应力是试件被拉断前所能承受的最大应力，它是衡量材料强度的又一个重要指标。低碳钢拉伸时的强度极限应力约为 400 MPa。

（4）第四阶段（GH 段）———颈缩阶段。

当应力达到强度极限后，在试件薄弱处的截面将发生急剧的收缩，试件局部变细，出现颈缩现象，如图 4-14 所示。由于颈缩处的横截面面积迅速减小，试件继续变形所需的拉力也相应减小，用原面积 A 算出的应力 σ 也随之减小，在图中形成单调下降的上凸曲线 GH 段，在 H 点处试件被拉断。

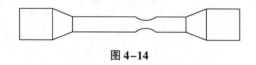

图 4-14

2. 低碳钢的塑性性能指标

试件被拉断后，弹性变形随着拉力的解除而消失，塑性变形保留下来，塑性变形的大小常用材料的塑性性能指标来衡量，材料的塑性性能指标主要有两个：延伸率 δ 和截面收缩率 ψ。

（1）延伸率 δ。

$$\delta = \frac{l_1 - l}{l} \times 100\% \tag{4-13}$$

式中：l——试件的标距原长；

　　　l_1——试件拉断后的标距长度。

延伸率是衡量材料塑性性能的一个重要指标，一般可按延伸率的大小将材料分为两类。$\delta>5\%$ 的材料为塑性材料，$\delta<5\%$ 的材料为脆性材料。低碳钢的延伸率 δ 为 20%～30%。

（2）截面收缩率 ψ。

$$\psi=\frac{A-A_1}{A}\times100\% \tag{4-14}$$

式中：A——试件标距部分的原始横截面面积；

　　　A_1——试件拉断后断口处的最小横截面面积。

低碳钢的截面收缩率 ψ 值约为 60%。

4.5.2　低碳钢在轴向压缩时的力学性能

低碳钢在轴向压缩时的 $\sigma\text{-}\varepsilon$ 曲线如图 4-15（a）所示，图中虚线为低碳钢拉伸时的 $\sigma\text{-}\varepsilon$ 曲线，两者比较可知：在屈服阶段以前，压缩曲线与拉伸曲线基本重合，在进入强化阶段之后，两条曲线逐渐分离，压缩时的 $\sigma\text{-}\varepsilon$ 曲线一直上升。这说明低碳钢压缩时的弹性模量 E、比例极限应力 σ_p、弹性极限应力 σ_e 及屈服极限应力 σ_s 都与拉伸时相同。压缩曲线一直上升的原因是：随着压力的不断增大，试件越压越扁，横截面面积不断增大，如图 4-15（b）所示，因而抗压能力也在不断提高。试件只被压扁而不破坏，故无法测出其压缩时的强度极限。

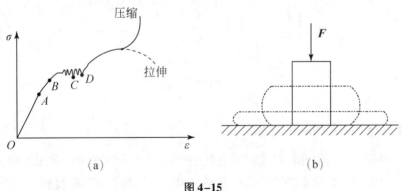

图 4-15

4.5.3　铸铁在轴向拉伸时的力学性能

铸铁在轴向拉伸时的 $\sigma\text{-}\varepsilon$ 曲线是一段微弯曲线，如图 4-16 所示，图中没有明显的直线部分，铸铁在较小的拉应力下就被拉断，没有屈服和颈缩现象，拉断前的应变很小，延伸率也很小。试件拉断时的应力就是材料的强度极限应力 σ_b，强度极限应力是衡量脆性材料强度的唯一指标。

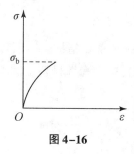

图 4-16

4.5.4 铸铁在轴向压缩时的力学性能

铸铁在轴向压缩时的 σ-ε 曲线与铸铁在轴向拉伸时的 σ-ε 曲线相似，也是一段微弯曲线，如图 4-17（a）所示，图中没有明显的直线部分。铸铁在压缩过程中也没有屈服和颈缩现象，强度极限应力是铸铁压缩时唯一的强度指标。试件在压缩变形很小的情况下，沿与轴线大约成 45°角的斜截面产生裂纹，继而破坏，如图 4-17（b）所示。铸铁在压缩时，无论是强度极限还是延伸率都比拉伸时大得多，压缩时的强度极限是拉伸时的 4~5 倍，说明铸铁的抗压强度高于抗拉强度。

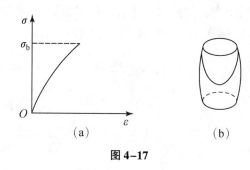

(a)   (b)

图 4-17

4.5.5 两种材料力学性能的比较

以上分别讨论了低碳钢和铸铁两种具有代表性的材料在轴向拉伸和压缩时的力学性能。从试验结果可以看出：以低碳钢为代表的塑性材料，其抗拉和抗压强度相同，塑性材料在破坏前有较大的塑性变形，易于加工成形；以铸铁为代表的脆性材料，抗压强度远大于抗拉强度，脆性材料在破坏前变形很小，毫无预兆，破坏突然发生。在实际工程应用中，常用铸铁、砖、石、混凝土等脆性材料制作受压构件。

4.5.6 材料的极限应力和许用应力

1. 极限应力

任何一种材料的构件都存在一个能承受力的固有极限，称为极限应力，用 σ_u 表示。当杆件内的工作应力到达此值时，杆件就会破坏。

材料的轴向拉伸（或压缩）试验可以找出材料在拉伸和压缩时的极限应力。对于塑性材料，当应力达到屈服极限时，将出现显著的塑性变形，会影响构件的使用，即 $\sigma_u = \sigma_s$；对于脆性材料，构件达到强度极限时，会引起断裂，即 $\sigma_u = \sigma_b$。

2. 许用应力

为了保证构件能正常工作，必须使构件在工作时产生的工作应力不超过材料的极限应力。由于在实际设计计算时有许多因素无法预计，所以必须使构件有必要的安全储备，即构件中的最大工作应力不超过某一极限值。将极限应力 σ_u 缩小 K 倍作为衡量材料承载能力的依据，称为许用应力（或容许应力），用 $[\sigma]$ 表示，则有

$$[\sigma] = \frac{\sigma_u}{K} \tag{4-15}$$

式中：K——一个大于 1 的数，称为安全系数。

安全系数 K 的确定很重要又比较复杂，选用过大，设计的构件过于安全，用料增多；选用过小，安全储备减少，构件偏于危险。

在确定安全系数时，必须考虑各方面的因素，如荷载的性质、荷载数值及计算方法的准确程度、材料的均匀程度、材料力学性能和试验方法的可靠程度，结构的工作条件及重要性等。在一般工程中，对于塑性材料

$$[\sigma] = \frac{\sigma_s}{K_s}, \ K_s = 1.4 \sim 1.7$$

对于脆性材料

$$[\sigma] = \frac{\sigma_b}{K_b}, \ K_b = 2.5 \sim 3.0$$

4.6　轴向拉压杆的强度条件及其强度计算

为了确保轴向拉压杆的安全可靠，使其不致因强度不足而破坏，就必须保证杆件内的最大工作应力不超过材料的许用应力，即

$$\sigma_{max} = \frac{F_N}{A} \leqslant [\sigma] \tag{4-16}$$

式中：F_N——危险截面的轴力；

　　　A——危险截面的横截面面积；

　　　$[\sigma]$——材料的许用应力。

式（4-16）就是轴向拉压杆的强度条件。

使用强度条件可以解决强度校核、截面设计和荷载设计问题。

1. 强度校核

所谓强度校核，是指在构件尺寸、所受荷载、材料的许用应力均已知的情况下，验算构

件的工作应力是否满足强度要求。

2. 截面设计

所谓截面设计，是指在构件所受荷载及材料的许用应力已知的情况下，根据强度条件合理确定构件的横截面形状及尺寸。满足强度条件要求所需的构件横截面面积为

$$A \geqslant \frac{F_{N}}{[\sigma]} \qquad (4-17)$$

3. 荷载设计

所谓荷载设计，是指在构件的横截面面积及材料的许用应力已知的情况下，根据强度条件合理确定构件的许可荷载。满足强度条件要求的轴力为

$$F_{N} \leqslant A[\sigma] \qquad (4-18)$$

然后利用平衡条件进一步确定满足强度条件的荷载许可值。

【例4-5】如图4-18（a）所示的三角架中，横杆 AB 为圆截面钢杆，直径 $d = 30$ mm，材料的许用应力为 $[\sigma]_1 = 160$ MPa；斜杆 AC 为方截面杆，材料的许用应力为 $[\sigma]_2 = 6$ MPa，荷载 **F** = 60 kN，各杆自重忽略不计。试校核 AB 杆的强度，并确定 AC 杆的截面边长 a。

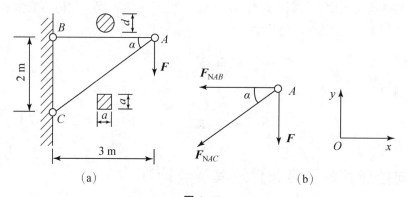

图4-18

【解】（1）计算各杆的轴力。

依据题意可知 AB 杆、AC 杆均为二力杆，用截面将 AB 杆、AC 杆截断并选取结点 A 为研究对象，画出结点 A 的受力图，建立平面直角坐标系，如图4-18（b）所示。

$$\sum F_{y} = 0 \quad -F_{NAC} \cdot \sin\alpha - F = 0, \quad F_{NAC} = -\frac{F}{\sin\alpha} = \frac{-60}{\dfrac{2}{\sqrt{2^2 + 3^2}}} \approx -108.2 (kN)(压力)$$

$$\sum F_{x} = 0 \quad -F_{NAB} - F_{NAC} \cdot \cos\alpha = 0, \quad F_{NAB} = -(-108.2) \times \frac{3}{\sqrt{2^2 + 3^2}} = 90 (kN)(拉力)$$

（2）校核 AB 杆的强度。

$$\sigma_{AB} = \frac{F_{NAB}}{A_{AB}} \approx \frac{90 \times 10^3}{\dfrac{3.14 \times 30^2}{4}} \approx 127.38(\text{MPa}) < [\sigma]_1 = 160(\text{MPa})$$

因此，AB 杆满足抗拉强度要求。

（3）确定 AC 杆截面边长 a。

依据强度条件有

$$A_{AC} \geqslant \frac{F_{NAC}}{[\sigma]_2} = \frac{108.2 \times 10^3}{6} = 18.03 \times 10^3 (\text{mm}^2)$$

又因

$$A_{AC} = a^2$$

故

$$a \geqslant \sqrt{18.03 \times 10^3} \approx 134.3(\text{mm})$$

【例 4-6】 在图 4-19（a）所示结构的刚性杆 AC 上作用有集中荷载 F，图中钢拉杆 AB 用 L45×5 的等边角钢制成，其许用应力 $[\sigma]$ =160 MPa，试按拉杆 AB 的强度条件确定该结构的承载力。

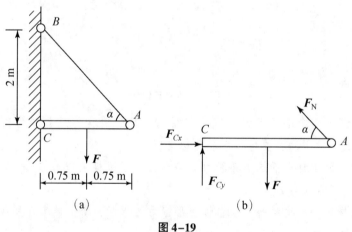

图 4-19

【解】（1）按静力平衡条件写出拉杆 AB 的轴力 F_N 与荷载 F 的关系。

拆开铰 C、截断 AB 杆并取 AC 杆为研究对象（含部分 AB 杆），画出其受力图如图 4-19（b）所示。以 C 点为矩心建立力矩平衡方程，则有

$$\sum M_C = 0 \quad 1.5\sin\alpha F_N - 0.75F = 0, \quad F_N = 0.625F$$

（2）按轴向拉压杆强度条件确定拉杆 AB 的轴力 F_N。

查附录可知，拉杆 AB 的横截面面积为 $A = 4.292 \text{ cm}^2$，则有

$$F_N \leq A[\sigma] = 4.292 \times 10^2 \times 160 = 68.67 \times 10^3 = 68.67(\text{kN})$$

（3）确定结构的承载力 F。

由步骤（1）和步骤（2）计算可知

$$0.625F \leq 68.67 \text{ kN}$$

$$F \leq 110 \text{ kN}$$

故该结构的最大承载力 $F = 110$ kN。

本章小结

本章主要介绍了杆件在轴向拉伸和压缩时的内力、应力、变形等基本概念及其计算，研究了材料在轴向拉伸和压缩时的力学性能，讨论了轴向拉压杆的强度计算。

（1）轴向拉压杆横截面上只有一种内力，即轴力 F_N，计算方法是截面法。

（2）轴向拉压杆横截面上只有一种应力，即正应力 σ，而且均匀分布。其计算公式为

$$\sigma = \frac{F_N}{A}$$

（3）轴向拉压杆的纵向线变形 Δl 用胡克定律计算，胡克定律有两个表达方式。

第一表达式：

$$\Delta l = \frac{F_N l}{EA}$$

第二表达式：

$$\varepsilon = \frac{\sigma}{E} \text{ 或 } \sigma = E\sigma$$

（4）材料的力学性能是通过力学试验取得的，是解决构件承载能力问题的重要依据。材料在常温、静载条件下的主要力学性能指标有以下几个。

① 强度指标：表示材料抵抗破坏能力的指标，有屈服极限应力 σ_s 和强度极限应力 σ_b，脆性材料只有强度极限应力 σ_b。

② 塑性性能指标：反映材料产生塑性变形能力的指标，有延伸率 δ 和截面收缩率 ψ。

（5）强度计算是材料力学的主要研究内容。

轴向拉压杆的强度条件是 $\sigma_{max} = \frac{F_N}{A} \leq [\sigma]$，利用此强度条件可以进行强度校核、截面设计和荷载设计。

思 考 题

1. 叙述轴向拉压杆的受力特点及变形特点。

2. 叙述轴向拉压杆横截面上的应力分布规律。

3. 直杆 AB 的 A 端受轴向压力 F 作用，若将力 F 移至 C 截面作用，如图4-20所示，支

座 B 处的支座反力有无变化？直杆 AB 的内力有无变化？对直杆 AB 的变形有何影响？

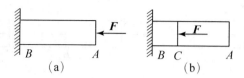

图 4-20

4. 在确定材料的许用应力时，为什么要引入安全系数 K？

5. 材料不同、截面不同的两根杆，受同样的轴向压力作用，它们的内力相同吗？

6. 横截面面积相同、受力相同但材料不同的两根轴向拉杆，它们横截面上的正应力是否相同？

7. 比较下列概念的异同点。

（1）弹性变形和塑性变形。

（2）屈服极限应力和强度极限应力。

（3）线应变和延伸率。

（4）极限应力和许用应力。

（5）材料的拉伸图和 $\sigma-\varepsilon$ 曲线。

（6）变形和应变。

（7）内力和应力。

8. 叙述低碳钢的拉伸过程。

9. 塑性材料和脆性材料有什么不同？

10. 最大轴力所在的截面一定是危险截面吗？为什么？

11. 低碳钢杆和铸铁杆都有一些部位不直，为什么低碳钢杆可以用锤砸直，而铸铁杆却砸不直呢？

12. 直径为 30 mm 的钢拉杆，能承受的最大拉力为 F。同样材料直径为 60 mm 的钢拉杆，其能承受的最大拉力为多少？

习　题

4-1　如图 4-21 所示，试计算杆件上指定截面的轴力。

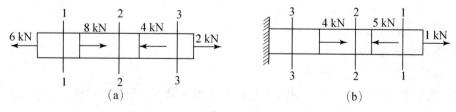

图 4-21

4-2 请绘制图 4-22 所示杆件的轴力图。

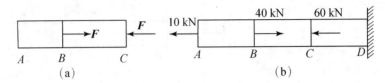

图 4-22

4-3 横截面为正方形的砖柱，由上下两段组成，其受力情况如图 4-23 所示，已知上段的横截面边长为 $a_1 = 24$ cm，下段的横截面边长为 $a_2 = 37$ cm，$h_1 = 3$ m，$h_2 = 4$ m，$F = 50$ kN，材料的拉压弹性模量 $E = 0.25$ GPa，柱自重忽略不计，试计算：

（1）上下两段的轴力，并画柱的轴力图。

（2）上下两段的应力。

（3）上下两段的变形及横截面 A 的位移。

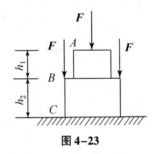

图 4-23

4-4 阶梯形圆杆各段的直径分别为 $d_1 = 12$ mm，$d_2 = 14$ mm，$d_3 = 10$ mm，杆件各段的长度分别为 $l_1 = 100$ mm，$l_2 = 50$ mm，$l_3 = 200$ mm，杆件受力情况如图 4-24 所示，材料的弹性模量 $E = 200$ GPa，试求：

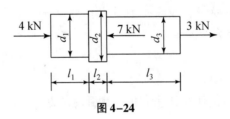

图 4-24

（1）该杆的最大应力。

（2）全杆的纵向变形。

（3）各段杆的纵向线应变。

4-5 用钢索起吊重量为 $F_G = 20$ kN 的钢筋混凝土构件，如图 4-25 所示，已知钢索的直径 $d = 20$ mm，许用应力 $[\sigma] = 120$ MPa，试校核钢索的强度。

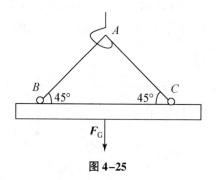

图 4-25

4-6　一结构如图 4-26 所示，已知 $F=5$ kN，材料许用应力 $[\sigma]=6$ MPa，各杆自重忽略不计，试求正方形截面木杆 BD 的截面边长 b。

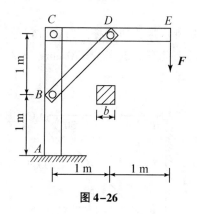

图 4-26

4-7　拉伸试验时，钢筋的直径 $d=10$ mm，在标距 $l=100$ mm 内杆伸长了 0.06 mm，已知材料的弹性模量 $E=200$ GPa，此时试样内的应力是多少？试验机的拉力又是多少？

4-8　在图 4-27 所示的雨篷结构中，水平梁 AB 上有均布荷载 $q=36$ kN/m，A 端用斜杆 AC 拉住，斜杆由两根等边角钢制成，材料许用应力 $[\sigma]=160$ MPa，试选择等边角钢的型号。

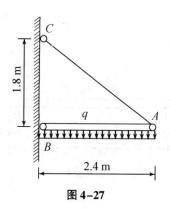

图 4-27

4-9 图 4-28 所示为一个三角托架，已知：杆 AC 是圆截面钢杆，许用应力 $[\sigma]_1 =$ 170 MPa，杆 BC 是正方形截面木杆，许用应力 $[\sigma]_2 = 12$ MPa，荷载 $F = 60$ kN，试选择钢杆的直径 d 和木杆的截面边长 a。

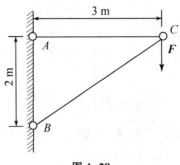

图 4-28

4-10 结构受力如图 4-29 所示，已知 1 杆为圆截面钢杆，直径 $d = 18$ mm，材料许用应力 $[\sigma]_1 = 170$ MPa；2 杆为正方形木杆，边长 $a = 70$ mm，材料许用应力 $[\sigma]_2 = 10$ MPa。试校核结构的强度。

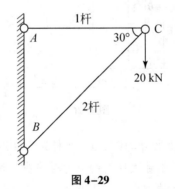

图 4-29

4-11 图 4-30 所示结构，拉杆 AB 为圆钢，若 $F = 50$ kN，$[\sigma] = 200$ MPa，试设计 AB 杆的直径。

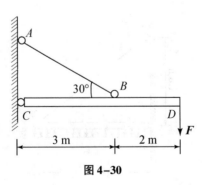

图 4-30

第 5 章　梁 的 弯 曲

5.1　平面弯曲

5.1.1　平面弯曲的概念

弯曲是工程中最常见的一种基本变形，如工业厂房里的吊车梁、民用建筑中的阳台挑梁等在荷载作用下，都将发生弯曲变形。杆件受到垂直于轴线的外力作用或纵向平面内力偶的作用时，杆件的轴线就由直线变成了曲线。故此，工程上将以弯曲变形为主的杆件称为梁。本章将讨论等截面直梁的平面弯曲问题。

工程中常见的梁的横截面内都具有对称轴，这个对称轴与梁的轴线所组成的平面，称为纵向对称平面。如果作用在梁上的所有外力都位于纵向对称平面内，则梁变形后，轴线将在纵向对称平面内弯曲为一条曲线。这种梁的弯曲平面与外力作用平面相重合的弯曲，称为平面弯曲。平面弯曲是最常见、最简单的弯曲变形，如图 5-1 所示。

5.1.2　工程中常见的梁的种类

（1）简支梁：一端为固定铰支座，另一端为可动铰支座的梁称为简支梁，如图 5-2 所示。

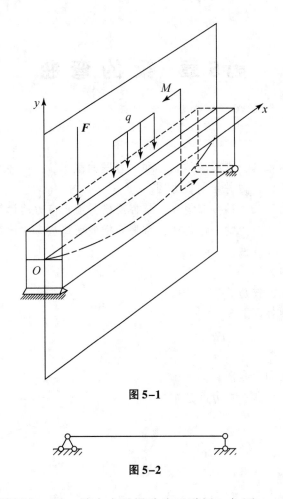

图 5-1

图 5-2

（2）悬臂梁：一端固定，另一端自由的梁称为悬臂梁，如图 5-3 所示。

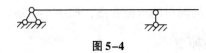

图 5-3

（3）外伸梁：一端或两端伸出支座的梁称为外伸梁，如图 5-4 所示。

图 5-4

5.2　平面弯曲梁的内力

5.2.1　用截面法求梁的内力

为了计算梁的强度和刚度，就必须计算它的内力。为此，应根据平衡条件求出梁在荷载作用下的全部外力（包括荷载和支座反力）。当作用在梁上的全部外力均为已知时，用截面法就可以求出任意截面上的内力。

用截面法计算梁的内力的步骤是：

（1）计算支座反力。

（2）用假想的截面将梁截成两段，任取一段为研究对象。

（3）画出研究对象的受力图。

（4）建立平衡方程，计算内力。

现以图 5-5（a）所示的简支梁为例，用截面法分析任一截面 $m-m$ 上的内力。假想将梁沿 $m-m$ 截面分为两段，取左段为研究对象，从图 5-5（b）可见，因有支座反力 F_{RA} 作用，为使左段满足 $\sum F_y = 0$，截面 $m-m$ 上必然有与 F_{RA} 等值、平行且反向的内力 F_S 存在，这个内力 F_S 称为剪力；同时，因 F_{RA} 对截面 $m-m$ 的形心 O 点有一个力矩 $F_{RA} \cdot a$ 的作用，为满足 $\sum M_O = 0$，截面 $m-m$ 上也必然有一个与力矩 $F_{RA} \cdot a$ 大小相等且转向相反的内力偶矩 M 存在，这个内力偶矩 M 称为弯矩。由此可见，当梁发生弯曲时，其横截面上同时存在两个内力，即剪力和弯矩。

剪力的常用单位为 N 或 kN，弯矩的常用单位为 N·m 或 kN·m。

剪力和弯矩的大小，可由左段梁的静力平衡方程求得，即

$$\sum F_y = 0 \quad F_{RA} - F_S = 0, \quad F_S = F_{RA}$$

$$\sum M_O = 0 \quad F_{RA} \cdot a - M = 0, \quad M = F_{RA} \cdot a$$

如果取右段梁作为研究对象，同样可以求得截面 $m-m$ 上的 F_S 和 M，根据作用与反作用力的关系，它们与从左段梁求出 $m-m$ 截面上的 F_S 和 M 大小相等，方向相反，如图 5-5（c）所示。

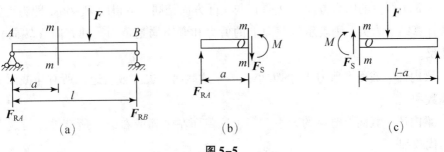

（a）　　　　　　　　（b）　　　　　　　　（c）

图 5-5

5.2.2 剪力、弯矩正负号的规定

1. 剪力的正负号

当截面上的剪力 F_S 使该截面邻近微段有顺时针转动趋势时为正，反之为负，如图 5-6 所示。

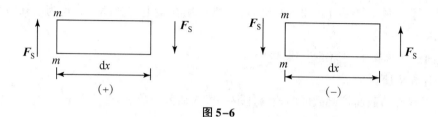

图 5-6

2. 弯矩的正负号

当截面上的弯矩使该截面的邻近微段下部受拉、上部受压时为正，反之为负，如图 5-7 所示。

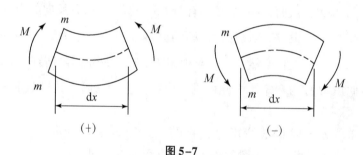

图 5-7

5.2.3 用截面法求梁的内力的基本规律

（1）求指定截面上的内力时，既可取梁的左段为研究对象，也可取梁的右段为研究对象，两者计算结果一致。一般取外力比较简单的一段进行计算。

（2）在解题时，一般在所求内力的截面上把内力（F_S，M）假设为正号。最后计算结果是正，则表示假设的内力方向（转向）与实际方向相同，解得的 F_S 和 M 即为正剪力和正弯矩。若计算结果为负，则表示该截面上的剪力和弯矩均是负的，其方向（转向）应与所假设的相反。

（3）梁内任一截面上剪力 F_S 的大小，等于这截面左边（或右边）所有与截面平行的各外力的代数和。

（4）梁内任一截面上弯矩的大小，等于这截面左边（或右边）所有外力对这个截面形心力矩的代数和。

【例5-1】 简支梁如图5-8（a）所示。已知 $F_1 = 30 \text{ kN}$，$F_2 = 30 \text{ kN}$，试求截面1-1上的剪力和弯矩。

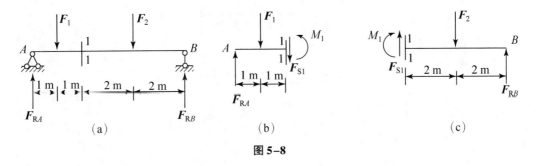

图5-8

【解】（1）求支座反力，考虑梁的整体平衡。

$$\sum M_B = 0 \quad F_1 \cdot 5 + F_2 \cdot 2 - F_{RA} \cdot 6 = 0, \quad F_{RA} = 35 (\text{kN})(\uparrow)$$

$$\sum M_A = 0 \quad -F_1 \cdot 1 - F_2 \cdot 4 + F_{RB} \cdot 6 = 0, \quad F_{RB} = 25 (\text{kN})(\uparrow)$$

校核，$\sum F_y = F_{RA} + F_{RB} - F_1 - F_2 = 35 + 25 - 30 - 30 = 0$

（2）求截面1-1上的内力。

在截面1-1处将梁截开，取左段梁为研究对象，画出其受力图，内力 F_{S1} 和 M_1 均先假设为正的方向，如图5-8（b）所示，列平衡方程为

$$\sum F_y = 0 \quad F_{RA} - F_1 - F_{S1} = 0, \quad F_{S1} = F_{RA} - F_1 = 35 - 30 = 5 (\text{kN})$$

$$\sum M_1 = 0 \quad -F_{RA} \cdot 2 + F_1 \cdot 1 + M_1 = 0, \quad M_1 = F_{RA} \cdot 2 - F_1 \cdot 1 = 35 \times 2 - 30 \times 1 = 40 (\text{kN} \cdot \text{m})$$

求得 F_{S1} 和 M_1 均为正值，表示截面1-1上内力的实际方向与假定的方向相同；按内力的符号规定，剪力、弯矩都是正的。如取1-1截面右段梁为研究对象，如图5-8（c）所示，可得出同样的结果。

因此，画受力图时一定要先假设内力为正的方向，由平衡方程求得结果的正负号，就能直接代表内力本身的正负。

【例5-2】 求图5-9（a）所示外伸梁的 A 截面上的剪力和弯矩。

【解】（1）求支座约束反力。

取整体为研究对象，列平衡方程

$$\sum M_A = 0 \quad F \cdot 2 + 2 - q \cdot 6 \cdot 3 + F_{RB} \cdot 4 - 6 = 0, \quad F_{RB} = 4 (\text{kN})(\uparrow)$$

$$\sum M_B = 0 \quad F \cdot 6 - F_{RA} \cdot 4 + 2 + q \cdot 4 \cdot 2 - q \cdot 2 \cdot 1 - 6 = 0, \quad F_{RA} = 5 (\text{kN})(\uparrow)$$

校核，$\sum F_y = 0 \quad F + q \cdot 6 - F_{RA} - F_{RB} = 3 + 1 \times 6 - 5 - 4 = 0$

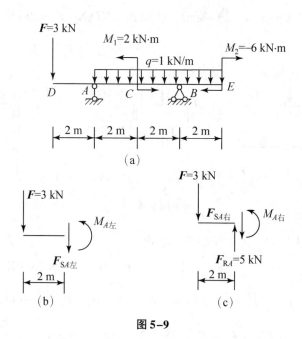

图 5-9

（2）求指定截面上的内力。

用截面法将梁截开取左段，并设剪力向下，弯矩逆时针，截面 A 左受力图如图 5-9（b）所示。

$$\sum F_y = 0 \quad F + F_{SA左} = 0$$

$$F_{SA左} = -F = -3（kN）（使该段有逆时针转动的趋势）$$

$$\sum M_O = 0, \quad F \cdot 2 + M_{A左} = 0$$

$$M_{A左} = -3 \times 2 = -6（kN \cdot m）（上拉下压）$$

截面 A 右受力图如图 5-9（c）所示（截到 F_{RA}）。

由

$$\sum F_y = 0 \quad -F - F_{SA右} + F_{RA} = 0, \quad F_{SA右} = 5 - 3 = 2（kN）$$

由

$$\sum M_O = 0 \quad F \cdot 2 + M_{A右} = 0, \quad M_{A右} = -3 \times 2 = -6（kN \cdot m）$$

5.3　平面弯曲梁内力图的做法

5.3.1　内力方程法作内力图

1. 剪力方程和弯矩方程

一般情况下，梁横截面的剪力和弯矩随截面位置不同而变化，若以横坐标 x 表示横截面在梁轴线上的位置，则各横截面上的剪力和弯矩皆可表示为 x 的函数，即

$$F_S = F_S(x), M = M(x)$$

以上两个函数表达式分别称为梁的剪力方程和弯矩方程。

2. 剪力图和弯矩图

为了形象地表示剪力 F_S 和弯矩 M 沿梁轴线的变化规律，可根据剪力方程和弯矩方程绘出剪力和弯矩变化的图形，分别称为剪力图和弯矩图，统称为内力图。由内力图可直观看出梁上最危险的截面，以便进行强度和刚度计算。

作内力图时，坐标原点一般选在梁的左端截面。以沿梁轴线的横坐标 x 表示梁横截面的位置，以纵坐标表示相应横截面上的剪力或弯矩。习惯上把剪力正值画在 x 轴上方，剪力负值画在 x 轴下方；弯矩正值画在梁受拉的一侧，即弯矩正值画在 x 轴下方，弯矩负值画在 x 轴上方。下面举例说明。

【例 5-3】 简支梁受到集中力作用，如图 5-10（a）所示，试画出剪力图和弯矩图。

【解】 （1）求约束反力。

因整体平衡，可求出约束反力。

$$\sum M_A(F) = 0 \quad F_{RB}l - Fa = 0, \quad F_{RB} = \frac{Fa}{l}$$

$$\sum F_y = 0 \quad F_{RA} - F + F_{RB} = 0, \quad F_{RA} = \frac{Fb}{l}$$

（2）分段列 AC 段和 CB 段的剪力方程和弯矩方程 $F_S(x)$，$M(x)$。

列剪力方程和弯矩方程时应注意以下事项：

① 坐标原点及正向。原点一般设在梁的左端，自左向右为正向。

② 定方程区间。找出分段点，分段的原则是在荷载有突变处设为分段点。

③ 定内力正负号。截面上总是假设正号的剪力、弯矩。

确定了以上三项后即可列出剪力方程和弯矩方程。

AC 段：

$$F_S(x_1) = F_{RA} = \frac{Fb}{l} \quad (0 < x_1 < a) \tag{1}$$

$$M(x_1) = F_{RA} \cdot x_1 = \frac{Fb}{l} \cdot x_1 \quad (0 \leqslant x_1 \leqslant a) \tag{2}$$

CB 段：

$$F_S(x_2) = F_{RA} - F = \frac{Fb}{l} - F = -\frac{Fa}{l} \quad (a < x_2 < l) \tag{3}$$

$$M(x_2) = F_{RA} \cdot x_2 - F(x_2 - a) \tag{4}$$

$$= \frac{Fb}{l} \cdot x_2 - F(x_2 - a) \quad (a \leqslant x_2 \leqslant l)$$

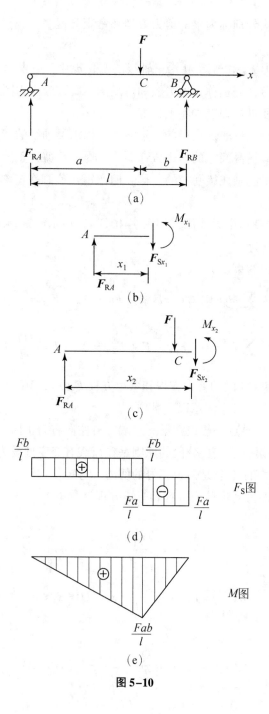

图 5–10

（3）绘 F_S，M 图。

据式（1）、式（3）作 F_S 图，如图5-10（d）所示。

据式（2）、式（4）作 M 图，如图5-10（e）所示。

（4）确定 F_{Smax}，M_{max}。

据 F_S 图可见，当 $a>b$ 时，$|F_S|_{max}=\dfrac{Fa}{l}$。据 M 图可见，C 截面处有 $|M|_{max}=\dfrac{Fab}{l}$。若 $a=b=l/2$，则 $M_{max}=\dfrac{Fl}{4}$。

分析：在集中力作用处，F_S 图有突变（不连续），突变的绝对值等于该集中力的大小；M 图有一转折点。

【例5-4】简支梁 AB 在 C 处有力偶矩 M_O 作用，如图5-11（a）所示，试画出剪力图和弯矩图。

【解】（1）计算约束反力（略）。

（2）列剪力方程和弯矩方程。

AC 段：

$$F_S(x_1)=F_{RA}=\frac{M_O}{l} \quad (0<x_1\leqslant a) \tag{1}$$

$$M(x_1)=F_{RA}\cdot x_1=\frac{M_O}{l}\cdot x_1 \quad (0\leqslant x_1<a) \tag{2}$$

CB 段：

$$F_S(x_2)=F_{RA}=\frac{M_O}{l} \quad (a\leqslant x_2<l) \tag{3}$$

$$M(x_2)=F_{RA}\cdot x_2-M_O$$

$$=\frac{M_O}{l}\cdot x_2-M_O \quad (a<x_2\leqslant l) \tag{4}$$

（3）绘 F_S，M 图。

据式（1）、式（3）作 F_S 图，如图5-11（b）所示。

据式（2）、式（4）作 M 图，如图5-11（c）所示。

分析：在集中力偶矩作用下，弯矩图发生突变（不连续），突变的绝对值等于该集中力偶矩的大小。

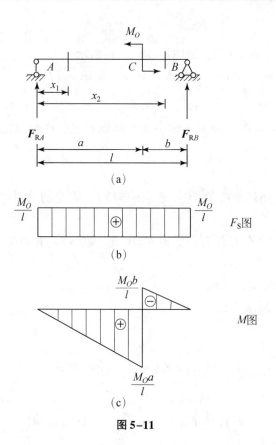

图 5-11

【例 5-5】 简支梁受均布荷载 q 作用如图 5-12 所示，试画出剪力图和弯矩图。

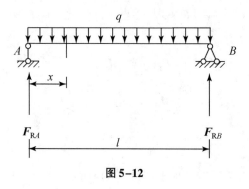

图 5-12

【解】（1）计算约束反力（略）。

（2）列剪力方程和弯矩方程。

$$F_S(x) = F_{RA} - qx = \frac{ql}{2} - qx \quad (0 < x < l) \tag{1}$$

$$M(x) = F_{RA} \cdot x - \frac{qx^2}{2} = \frac{qlx}{2} - \frac{qx^2}{2} \quad (0 \leqslant x \leqslant l) \tag{2}$$

（3）绘 F_S，M 图。

据式（1）作 F_S 图，据式（2）作 M 图，如图 5-13 所示。

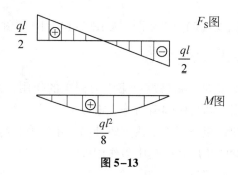

图 5-13

由 F_S，M 图可见：支座处 $|F_S|_{max} = \dfrac{ql}{2}$；$F_S = 0$ 处有 $|M|_{max} = \dfrac{ql^2}{8}$。

从【例 5-3】（集中力）、【例 5-4】（集中力偶矩）和【例 5-5】（均布荷载）可以看到：在梁端的铰支座上，剪力等于该支座的约束反力。如果在端点铰支座上没有集中力偶矩的作用，则铰支座处的弯矩等于零。

【例 5-6】如图 5-14（a）所示悬臂梁受均布荷载作用，试画出剪力图和弯矩图。

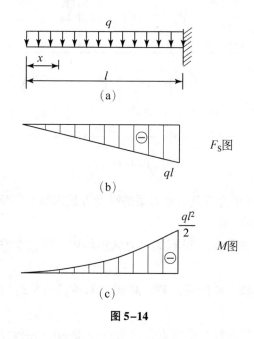

图 5-14

【解】（1）计算约束反力（略）。

（2）列剪力方程和弯矩方程。

$$F_{S}(x) = -qx \quad (0 \leqslant x \leqslant l) \tag{1}$$

$$M(x) = -\frac{qx^2}{2} \quad (0 \leqslant x \leqslant l) \tag{2}$$

（3）绘 F_S，M 图。

据式（1）作 F_S 图，据式（2）作 M 图，如图 5-14（b）、图 5-14（c）所示。

在固定端处：$|F_S|_{max} = ql$，$|M|_{max} = \dfrac{ql^2}{2}$

分析：在梁的外伸自由端处，如果没有集中力偶矩的作用，则自由端截面的弯矩等于零；如果没有集中力的作用，则自由端剪力等于零。

在固定端截面，剪力和弯矩分别等于该支座处的支座反力和约束力偶矩。

最大剪力发生位置：梁的支座处或集中力作用处。

最大弯矩一般发生在下列部位：

① 集中力作用的截面；

② 集中力偶矩作用的截面；

③ $F_S = 0$ 截面，M 有极值；

④ 悬臂梁的固定端截面。

【例 5-7】试画出图 5-15 的剪力图和弯矩图。

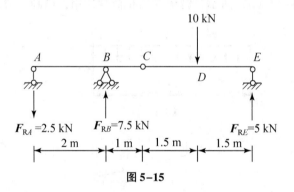

图 5-15

【解】利用中间铰处弯矩为零及平面力系的平衡方程求解支座反力，解题过程略，画出剪力图和弯矩图如图 5-16 所示。

分析：在梁的中间铰两侧如果没有集中力偶矩作用，则铰左右两截面弯矩等于零，如图 5-16 所示。

对称结构，正对称荷载，F_S 图反对称，M 图正对称；对称结构，反对称载荷，F_S 图对称，M 图反对称。

梁中正、负弯矩的分界点称为反弯点，反弯点处 $M = 0$，在构件设计中确定反弯点的位置具有实际意义。

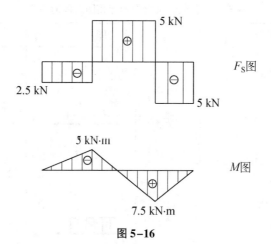

图 5-16

5.3.2　微分关系法作梁的内力图

1. $q(x)$，$F_S(x)$，$M(x)$ 之间的微分关系

经理论证明，弯矩、剪力和分布荷载之间存在如下关系：

$$\frac{\mathrm{d}F_S(x)}{\mathrm{d}x} = q(x) \tag{5-1}$$

$$\frac{\mathrm{d}M(x)}{\mathrm{d}x} = F_S(x) \tag{5-2}$$

$$\frac{\mathrm{d}^2 M(x)}{\mathrm{d}x^2} = \frac{\mathrm{d}F_S(x)}{\mathrm{d}x} = q(x) \tag{5-3}$$

式（5-1）说明梁上任一横截面上的剪力对 x 的一阶导数等于作用在该截面处的分布荷载集度。这一微分关系的几何意义是：剪力图上某点切线的斜率等于相应截面处的分布荷载集度。

式（5-2）说明梁上任一横截面上的弯矩对 x 的一阶导数等于该截面上的剪力。这一微分关系的几何意义是：弯矩图上某点切线的斜率等于相应截面上的剪力。

式（5-3）说明梁上任一横截面上的弯矩对 x 的二阶导数等于该截面处的分布荷载集度。这一微分关系的几何意义是：弯矩图上某点的曲率等于相应截面处的分布荷载集度，即由分布荷载集度的正负可以确定弯矩图的凹凸方向。

2. 根据 $q(x)$，$F_S(x)$，$M(x)$ 之间的微分关系所得出的一些规律

利用 $q(x)$，$F_S(x)$，$M(x)$ 之间的微分关系，可以得到荷载、剪力图和弯矩图之间的关系，如表 5-1 所示。

表 5-1　荷载、剪力图和弯矩图之间的关系

序号	梁上荷载情况	剪力图	弯矩图
1	无均布荷载 （$q=0$）		
2	均布荷载向上作用 $q>0$		
3	均布荷载向下作用 $q<0$		
4	集中力作用 F_P C	C 截面有突变	C 截面有转折
5	集中力偶矩作用 m　C	C 截面无变化	C 截面有突变

3. 利用 $q(x)$，$F_S(x)$，$M(x)$ 间的微分关系作剪力图和弯矩图

【例 5-8】 如图 5-17（a）所示的简支梁，应用微分关系法，绘制剪力图和弯矩图。已知 $P = 80$ kN，$q = 40$ kN/m，$M = 160$ kN·m。

【解】（1）计算支座反力，取整体为研究对象。

$$\sum M_A = 0 \quad -P \times 1 - q \times 4 \times 4 + M + F_{RG} \times 8 = 0$$

$$F_{RG} = \frac{P + q \times 4 \times 4 - M}{8} = \frac{80 + 40 \times 4 \times 4 - 160}{8} = 70\,(\text{kN})\,(\uparrow)$$

$$\sum F_y = 0 \quad F_{RA} - P - q \times 4 + F_{RG} = 0$$

$$F_{RA} = P + q \times 4 - F_{RG} = 80 + 40 \times 4 - 70 = 170\,(\text{kN})\,(\uparrow)$$

（2）绘剪力图。

分段进行：AB 段为平直线，B 截面有集中力 P 作用，剪力图突变，BC 段为平直线，CE 段为右下方斜直线，EG 段为平直线，在力偶矩 M_F 处剪力图无变化。

计算各控制截面的剪力值。

$F_{SA} = 170$（kN），$F_{SC} = 90$（kN）

$F_{SB左} = 170$（kN），$F_{SB右} = 90$（kN），$F_{SE} = 90 - 40 \times 4 = -70$（kN），$F_{SG} = 70$（kN）

如图 5-17（b）所示，从图中可看到 CE 段由正到负必须经过零点，需要确定剪力为零的截面位置。有几何关系确定：

$$\frac{90}{CD} = \frac{70}{4 - CD}$$

$$CD = 2.25 \text{ m}$$

可知剪力为零的 D 截面到 A 端支座距离 $AD = 4.25$ m。

（3）绘弯矩图。

分段定性：AB 段为右下方斜直线，BC 段也是右下方斜直线，因为剪应力都是正值。在集中力 P 作用处，弯矩图出现转折，CE 段为二次抛物线，且上凹。在剪力为零的截面上，弯矩图出现极值。因为剪力是负值，EF 段和 FG 段均为右上方斜直线。

计算各控制截面的弯矩值。

$M_A = 0$

$M_G = 0$

$M_B = 170 \times 1 = 170\,(\text{kN·m})$

$M_C = 170 \times 2 - 80 \times 1 = 260\,(\text{kN·m})$

$M_D = M_{max} = 170 \times 4.25 - 80 \times 3.25 - 40 \times 2.25 \times \dfrac{2.25}{2} = 361.25\,(\text{kN·m})$

$M_E = 70 \times 2 + 160 = 300\,(\text{kN·m})$

$M_{F左} = 70 \times 1 + 160 = 230\,(\text{kN·m})$

$M_{F右} = 70 \times 1 = 70\,(\text{kN·m})$

绘制弯矩图如图 5-17（c）所示。

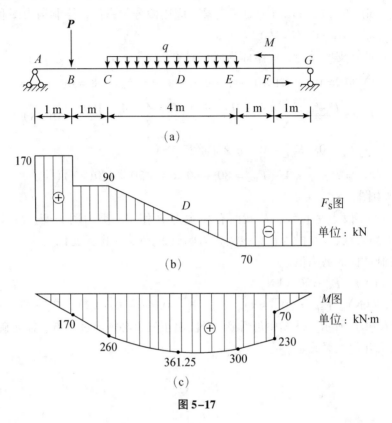

图 5-17

5.3.3　叠加法绘制梁的剪力图和弯矩图

1. 叠加原理

一般梁在荷载作用下变形微小，其跨长的改变量可忽略不计，因此在求梁的支座反力和内力时，均可按原始尺寸计算。当梁上有几种荷载作用时，梁的支座反力和内力可以这样计算：先分别计算每种荷载单独作用时的支座反力和内力，然后将这些分别计算的结果代数相加。

如图 5-18 所示的简支梁在集中力 F_P 和均布荷载 q 两种荷载作用下，其支座反力为

$$F_{RA}=F_{RB}=\frac{1}{2}ql+\frac{F_P}{2}\quad(\uparrow)$$

距 A 支座为 x_1 截面上的剪力和弯矩方程分别为

$$F_S(x_1)=F_{RA}-q\cdot x_1=\left(\frac{1}{2}ql+\frac{F_P}{2}\right)-qx_1\quad\left(0\leqslant x_1\leqslant\frac{l}{2}\right)$$

$$M(x_1)=F_{RA}x_1-\frac{1}{2}qx_1^2=\left(\frac{1}{2}ql+\frac{F_P}{2}\right)x_1-\frac{1}{2}qx_1^2\quad\left(0\leqslant x_1\leqslant\frac{l}{2}\right)$$

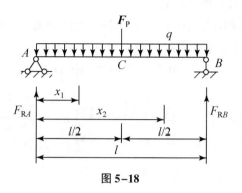

图 5-18

由上列各式看出，梁的支座反力、剪力和弯矩方程都是由两部分组成的。第一部分相当于均布荷载 q 单独作用在梁上所产生的结果，第二部分相当于集中力 F_P 单独作用在梁上所产生的结果。

剪力图和弯矩图也可用叠加法绘制。先分别作出各种荷载单独作用下梁的剪力图和弯矩图如图 5-19（b）和图 5-19（c）所示，然后将其对应截面的内力纵坐标代数相加，即 A 截面加 A 截面、B 截面加 B 截面、跨中截面加跨中截面，叠加之后的剪力图和弯矩图如图 5-19（a）所示。

叠加后的内力图应注意下述两点：

（1）在各种荷载单独作用下的内力图变化规律均为直线时，叠加后的内力图仍为直线。

（2）在各种荷载单独作用下的内力图变化规律有的是直线、有的是曲线或均为曲线时，叠加后的内力图为曲线。

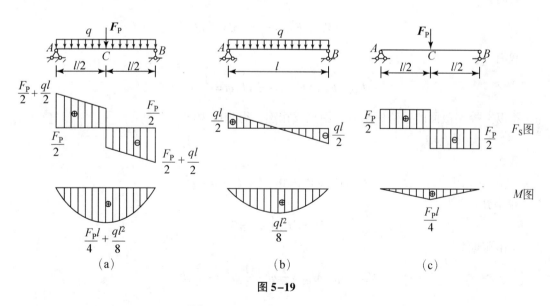

(a)　　　　　　　　　　(b)　　　　　　　　　　(c)

图 5-19

2. 整梁叠加法绘制剪力图和弯矩图

【例 5-9】用叠加法绘制图 5-20（a）所示简支梁的剪力图和弯矩图。

【解】（1）分别作出简支梁在均布荷载 q 单独作用下的 F_{S1} 图和 M_1 图，及力偶矩 m 单独作用下的 F_{S2} 图和 M_2 图，如图 5-20（b）和图 5-20（c）所示。

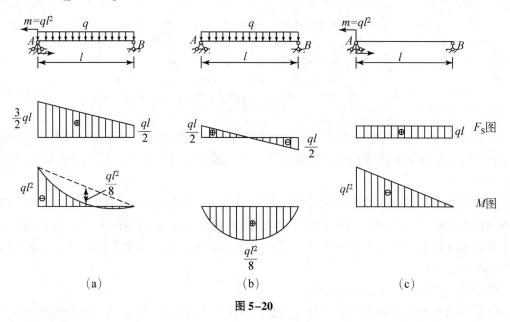

（a）　　　　　（b）　　　　　（c）

图 5-20

（2）剪力图叠加。

截面 A

$$F_{SA}=F_{SA1}+F_{SA2}=\frac{1}{2}ql+ql=\frac{3}{2}ql$$

截面 B

$$F_{SB}=F_{SB1}+F_{SB2}=-\frac{1}{2}ql+ql=\frac{1}{2}ql$$

将以上控制截面的数值标出后，用直线相连，得到剪力图。

（3）弯矩图叠加。

截面 A

$$M_A=M_{A1}+M_{A2}=0+\left(-ql^2\right)=-ql^2$$

截面 B

$$M_B=M_{B1}+M_{B2}=0$$

跨中截面处

$$M_C=M_{C1}+M_{C2}=\frac{1}{8}ql^2-\frac{1}{2}ql^2=-\frac{3}{8}ql^2$$

将以上控制截面的数值标出后，用曲线相连，得到弯矩图。

3. 区段叠加法作梁的弯矩图

【例5-10】 绘制图5-21（a）所示梁的弯矩图。

【解】 此题若用一般方法作弯矩图较为麻烦。现采用区段叠加法来作图方便得多。

（1）计算支座反力。

$$\sum M_B = 0 \quad F_{RA} = 15(\text{kN})(\uparrow)$$

$$\sum M_A = 0 \quad F_{RB} = 11(\text{kN})(\uparrow)$$

（2）选定外力变化处为控制截面，并求出截面弯矩。

本例选定控制截面为 C，A，D，E，B，F，可直接根据外力确定内力的方法求得：

$M_C = 0$

$M_A = -6 \times 2 = -12(\text{kN} \cdot \text{m})$

$M_D = -6 \times 6 + 15 \times 4 - 2 \times 4 \times 2 = 8(\text{kN} \cdot \text{m})$

$M_E = -2 \times 2 \times 3 + 11 \times 2 = 10(\text{kN} \cdot \text{m})$

$M_B = -2 \times 2 \times 1 = -4(\text{kN} \cdot \text{m})$

$M_F = 0$

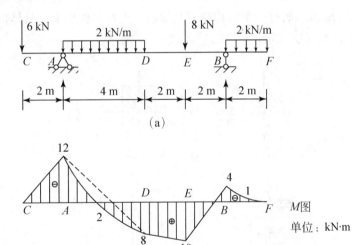

图 5-21

（3）把整梁分为 CA，AD，DE，EB，BF 五段，用区段叠加法绘制各段的弯矩图。其方法是：按比例绘出梁各控制截面的弯矩纵标，如果某段范围内无荷载作用（如 CA，DE，EB 三段），则可把该段端部的弯矩纵标连以直线，即为该段弯矩图；如该段内有荷载作用（如 AD，BF 两段），则把该段端部的弯矩纵标连一虚线，以虚线为基线叠加该段按简支梁求得的弯矩图。整个梁的弯矩图如图5-21（b）所示。

其中，AD 段中间截面的弯矩为

$$M_{AD中} = \frac{-12+8}{2} + \frac{ql_{AD}^2}{8} = \frac{-12+8}{2} + \frac{2 \times 4^2}{8} = 2(\text{kN} \cdot \text{m})$$

BF 段中间截面的弯矩为

$$M_{BF中} = \frac{-4+0}{2} + \frac{ql_{BF}^2}{8} = \frac{-4+0}{2} + \frac{2 \times 2^2}{8} = -1(\text{kN} \cdot \text{m})$$

5.4 截面的几何性质

构件的截面都是具有一定几何形状的平面图形，与截面的形状、尺寸有关的几何量叫作截面的几何性质，如面积等。截面的几何性质是影响构件承载能力的重要因素之一。这里将集中讨论几种平面图形的几何性质。

5.4.1 截面的形心位置

由几何学可知，任何图形都有一个几何中心，截面图形的几何中心简称为截面形心。当平面图形具有对称中心时，其对称中心就是形心。如有两个对称轴，形心就在对称轴的交点上，如图 5-22（a）所示。如有一个对称轴，其形心一定在对称轴上，具体位置必须经过计算才能确定，如图 5-22（b）所示。

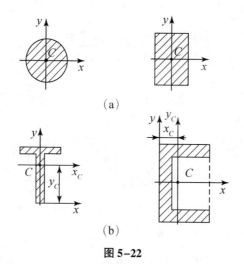

(a)

(b)

图 5-22

从图 5-22（a）可以看出形心的 x_C，y_C 都等于零；图 5-22（b）则需求解，但该图形是由几个简单平面图形组合而成的，可以将其进行分割。

如图 5-23 所示，角钢可分成两个矩形的组合，令 Ⅰ 块面积为 A_1，形心坐标为 C_1，Ⅱ 块面积为 A_2，形心坐标为 C_2，得到形心坐标公式为

$$x_C = \frac{x_1 A_1 + x_2 A_2}{A_1 + A_2} = \frac{\sum A_i x_i}{\sum A_i}$$

$$y_C = \frac{y_1 A_1 + y_2 A_2}{A_1 + A_2} = \frac{\sum A_i y_i}{\sum A_i}$$

(5-4)

式中：x_C，y_C——组合图形截面形心坐标；

　　　A_i——组合截面中各简单图形的截面面积：

　　　x_i，y_i——各简单图形对 x 轴、y 轴的形心坐标。

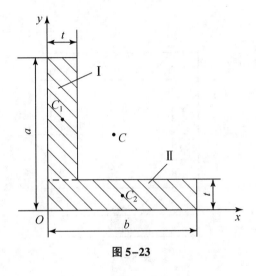

图 5-23

【例 5-11】 试计算图 5-23 所示不等边角钢的形心，已知 $a = 80$ mm，$b = 50$ mm，$t = 5$ mm。

【解】 将图形分成两个矩形，坐标如图 5-23 所示。

Ⅰ块

$$A_1 = 75 \times 5 = 375 \, (\text{mm}^2), x_1 = 2.5 \, (\text{mm}), y_1 = \frac{75}{2} + 5 = 42.5 \, (\text{mm})$$

Ⅱ块

$$A_2 = 50 \times 5 = 250 \, (\text{mm}^2), x_2 = 25 \, (\text{mm}), y_2 = \frac{5}{2} = 2.5 \, (\text{mm})$$

代入形心坐标公式

$$x_C = \frac{x_1 A_1 + x_2 A_2}{A_1 + A_2} = \frac{2.5 \times 375 + 25 \times 250}{375 + 250} = 11.5 \, (\text{mm})$$

$$y_C = \frac{y_1 A_1 + y_2 A_2}{A_1 + A_2} = \frac{42.5 \times 375 + 2.5 \times 250}{375 + 250} = 26.5 \, (\text{mm})$$

5.4.2 截面的静矩

平面图形的面积 A 与其形心到某一坐标轴的距离的乘积称为该平面图形对该轴的静矩。静矩用 S 来表示，即

$$S_x = Ay_C , \quad S_y = Ax_C \tag{5-5}$$

静矩的常用单位是 m^3 或 mm^3。

由公式（5-5）可知，当坐标轴通过图形形心时，其静矩为零。若静矩为零，则该轴必通过图形的形心，如图5-24所示，$S_x = 0$。

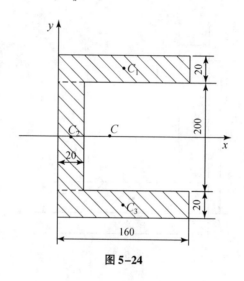

图5-24

【例5-12】试计算图5-24槽形截面对 x 轴和 y 轴的静矩。

【解】将槽形截面分成三个矩形，其面积分别为

$A_1 = 160 \times 20 = 3\ 200\ (mm^2)$，$A_2 = 20 \times 200 = 4\ 000\ (mm^2)$，$A_3 = 160 \times 20 = 3\ 200\ (mm^2)$

矩形形心的 x 坐标为

$$x_1 = 80\ mm,\ x_2 = 10\ mm,\ x_3 = 80\ mm$$

根据叠加原理，由静矩计算公式可得

$$S_y = A_1 x_1 + A_2 x_2 + A_3 x_3 = 3\ 200 \times 80 + 4\ 000 \times 10 + 3\ 200 \times 80$$
$$= 552\ 000\ (mm^3)$$

因为 x 轴是对称轴且通过截面形心，所以 $S_x = 0$。

5.4.3 截面的惯性矩

1. 惯性矩的计算公式

任意一个构件的横截面如图5-25所示，把它分成无数个微小面积，则其面积 A 对于 z 轴和 y 轴的惯性矩定义为整个图形上微小面积 dA 与 z 轴（或 y 轴）距离平方乘积的总和。

用 I_z（或 I_y）表示，记为

$$I_z = \int_A y^2 \mathrm{d}A, \qquad I_y = \int_A z^2 \mathrm{d}A \tag{5-6}$$

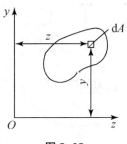

图 5-25

下标指对某轴的惯性矩，单位是长度的四次方，习惯用 m^4 或 mm^4。型钢的惯性矩可以查阅工程设计手册。

简单图形的惯性矩计算公式如下（见图 5-26）。

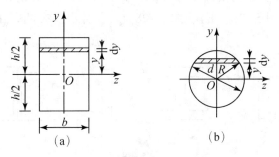

图 5-26

矩形

$$I_z = \int_A y^2 \mathrm{d}A = \int_{-\frac{h}{2}}^{\frac{h}{2}} y^2 \cdot b \cdot \mathrm{d}y = \frac{bh^3}{12}, \qquad I_y = \frac{hb^3}{12} \tag{5-7}$$

圆形

$$I_z = \int_A y^2 \mathrm{d}A = 2 \int_{-R}^{R} y^2 \sqrt{R^2 - y^2}\, \mathrm{d}y = \frac{\pi R^4}{4} = \frac{\pi d^4}{64}, \qquad I_y = \frac{\pi d^4}{64} \tag{5-8}$$

2. 惯性矩的平行移轴公式

同一截面对于不同坐标轴的惯性矩不相同，但它们之间都存在一定的关系（见图 5-27），即

$$I_z = I_{zC} + a^2 A, \qquad I_y = I_{yC} + b^2 A \tag{5-9}$$

式（5-9）称为计算惯性矩的平行移轴公式。这个公式表明：截面对任意一个轴的惯性矩等于截面对与该轴平行的形心轴的惯性矩加上截面的面积与两轴距离平方的乘积。

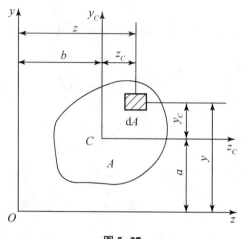

图 5-27

3. 组合截面的惯性矩计算

在工程实际中常常会遇到由几个截面组合而成的截面,有的是由几个简单的图形组成,如图 5-28(a)、图 5-28(b)、图 5-28(c)所示,有的是由几个型钢截面组成,如图 5-28(d)所示。

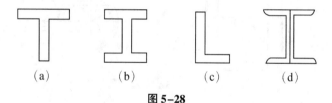

图 5-28

计算组合截面对某坐标轴的惯性矩时,根据定义,可以分别计算各组成部分对该轴的惯性矩,然后相加,即

$$I_z = \sum_{i=1}^{n} I_{zi}, \qquad I_y = \sum_{i=1}^{n} I_{yi} \tag{5-10}$$

式中:I_{zi},I_{yi}——组合截面中任意组成部分对于 z 轴、y 轴的惯性矩,在计算它们时,常用式(5-9)平行移轴公式。

【例 5-13】试求如图 5-29 所示的 T 形截面对形心轴 z 轴、y 轴的惯性矩。

【解】(1)求截面形心的位置。

因图形对称,其形心在对称轴(y 轴)上,即

$$z_c = 0$$

为计算 y_c,将截面分成 Ⅰ,Ⅱ两个矩形,取一个参考坐标轴 z_0,这两部分的面积和形心对 z_0 的坐标分别为

$$A_1 = 500 \times 120 = 60\,000\,(\text{mm}^2), \quad A_2 = 250 \times 580 = 145\,000\,(\text{mm}^2)$$

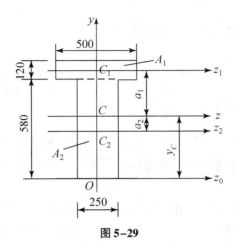

图 5-29

$$y_1 = 580 + \frac{120}{2} = 640\,(\text{mm})\,,\,y_2 = \frac{580}{2} = 290\,(\text{mm})$$

由公式（5-4）得

$$y_C = \frac{A_1 y_1 + A_2 y_2}{A_1 + A_2} = \frac{60\,000 \times 640 + 145\,000 \times 290}{60\,000 + 145\,000} = 392\,(\text{mm})$$

（2）分别求两个矩形截面对 z 轴、y 轴的惯性矩。

$$a_1 = 580 + \frac{120}{2} - 392 = 248\,(\text{mm})$$

$$a_2 = 392 - \frac{580}{2} = 102\,(\text{mm})$$

由平行移轴公式（5-9）得

$$I_{1z} = I_{1C_1} + a_1^2 A_1 = \frac{500 \times 120^3}{12} + 248^2 \times 500 \times 120 \approx 37.6 \times 10^8\,(\text{mm}^4)$$

$$I_{2z} = I_{2C_2} + a_2^2 A_2 = \frac{250 \times 580^3}{12} + 102^2 \times 250 \times 580 \approx 55.6 \times 10^8\,(\text{mm}^4)$$

$$I_{1y} = \frac{120 \times 500^3}{12} = 12.5 \times 10^8\,(\text{mm}^4)$$

$$I_{2y} = \frac{580 \times 250^3}{12} = 7.55 \times 10^8\,(\text{mm}^4)$$

（3）计算 I_y 和 I_z，整个截面对 z 轴、y 轴的惯性矩应分别等于两个矩形截面对 z 轴、y 轴的惯性矩之和，即

$$I_z = I_{1z} + I_{2z} = 37.6 \times 10^8 + 55.6 \times 10^8 = 93.2 \times 10^8\,(\text{mm}^4)$$

$$I_y = I_{1y} + I_{2y} = 12.5 \times 10^8 + 7.55 \times 10^8 = 20.05 \times 10^8\,(\text{mm}^4)$$

5.5 梁弯曲时的应力及强度计算

为了解决强度问题，必须先研究梁横截面上的应力分布规律及其计算方法。

5.5.1 纯弯曲和横力弯曲

平面弯曲时梁横截面上一般有两种内力——剪力 F_S 和弯矩 M。根据内力和应力之间的基本关系可知，横截面上有弯矩 M 则该截面上一定有正应力 σ，横截面上有剪力 F_S 则该截面上一定有剪应力 τ。

简支梁上的两个外力 F 对称地作用于梁的纵向对称面内，其计算简图、剪力图和弯矩图如图 5-30 所示。从图中看出，AC 段和 DB 段内，梁的各个横截面上既有弯矩又有剪力，因而在横截面上既有正应力又有剪应力，这种情况称为横力弯曲。在 CD 段内，梁的各个横截面上的剪力等于零，而弯矩为常量，这时在横截面上只有正应力而无剪应力，这种情况称为纯弯曲。也就是说，如果梁的横截面上既有弯矩又有剪力，则这种弯曲称为横力弯曲；如果梁的横截面上只有弯矩而无剪力，这种弯曲称为纯弯曲。

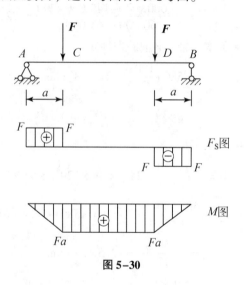

图 5-30

5.5.2 中性层和中性轴

如图 5-31 所示，设想梁是由无数纵向纤维组成的。发生纯弯曲变形后，必然引起靠近底面的纤维伸长，靠近顶面的纤维缩短。因为横截面仍保持为平面，所以沿截面高度应由底面纤维的伸长连续地逐渐变为顶面纤维的缩短，中间必定有一层纤维的长度不变，这一层纤维称为中性层。因此，中性层是梁内既不伸长又不缩短的一层纤维。中性层与横截面的交线称为中性轴。中性层是对整个梁而言的；中性轴是对梁某个横截面而言的。中性轴通过横截面的形心，是截面的形心主惯性轴。

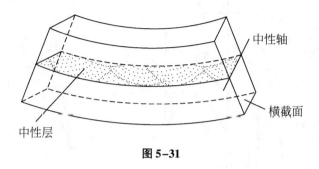

图 5–31

5.5.3　平面弯曲正应力

1. 弯曲正应力计算公式

利用静力学的平衡方程可以得到梁弯曲时横截面上正应力的计算公式，即

$$\sigma = \frac{M \cdot y}{I_z} \tag{5-11}$$

式中：σ——横截面上某点处的正应力；

　　　M——横截面上的弯矩；

　　　y——横截面上该点到中性轴距离；

　　　I_z——横截面对中性轴 z 的惯性矩。

在使用式（5–11）计算正应力大小时，M，y 可用绝对值带入，求得 σ 的大小，然后根据弯矩判定是拉应力还是压应力。

式（5–11）是梁在纯弯曲情况下导出的，也适用于横力弯曲的情况。从式（5–11）可知，在横截面上最外边缘 $y = y_{max}$ 处的弯曲正应力最大。

2. 弯曲正应力的正负号

根据弯曲变形判断（中性轴通过截面形心），将截面分为受压和受拉两个区域。受拉区域点的正应力（拉应力）为正，受压区域点的正应力（压应力）为负。

3. 平面弯曲正应力分布规律

平面弯曲时，正应力沿截面高度的分布规律，以矩形截面为例，如图 5–32 所示。

讨论：

如果横截面对称于中性轴，如矩形，以 y_{max} 表示最外边缘处的一个点到中性轴的距离，则横截面上的最大弯曲正应力为

$$\sigma_{max} = \frac{M}{W_z} \tag{5-12}$$

式中：W_z——横截面对中性轴 z 的抗弯截面系数，单位是长度的三次方（m³ 或 mm³）。

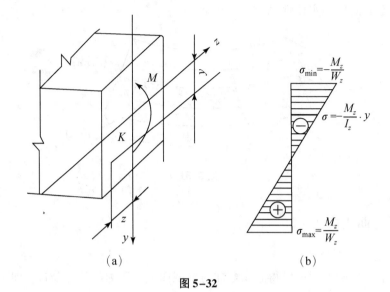

$$(a) \qquad\qquad (b)$$

图 5–32

5.5.4 正应力强度问题

1. 正应力强度条件

一般等截面直梁弯曲时，弯矩最大（包括最大正弯矩和最大负弯矩）的横截面都是梁的危险截面。下面分别讨论各种情况下的正应力强度条件。

（1）梁的拉伸和压缩许用正应力相等。

绝对值最大的弯矩所在的横截面为危险截面，最大正应力 σ_{max} 就在危险截面的上下边缘处。为了保证梁能够安全工作，最大工作应力 σ_{max} 就不能超过材料的许用正应力 $[\sigma]$，于是梁正应力的强度条件为

$$\sigma_{max} = \frac{M_{zmax} \cdot y_{max}}{I_z} = \frac{M_{zmax}}{W_z} \leqslant [\sigma] \qquad (5\text{-}13)$$

其中，$W_z = \dfrac{I_z}{y_{max}}$；对于矩形 $W_z = \dfrac{bh^2}{6}$，对于圆形 $W_z = \dfrac{\pi d^3}{32}$。

（2）梁的材料是脆性材料。

梁的拉伸和压缩许用正应力不相等，则应分别求出最大正弯矩和最大负弯矩所在横截面的最大拉应力和最大压应力，并列出相应的抗拉强度条件和抗压强度条件

$$\sigma_{tmax} = \frac{M_{max}}{W_1} \leqslant [\sigma_t] \qquad (5\text{-}14)$$

$$\sigma_{cmax} = \frac{M_{max}}{W_2} \leqslant [\sigma_c] \qquad (5\text{-}15)$$

式中：W_1，W_2——相应于最大拉应力 σ_{tmax} 和最大压应力 σ_{cmax} 的抗弯截面系数；

　　　$[\sigma_t]$ ——材料的许用拉应力；

　　　$[\sigma_c]$ ——材料的许用压应力。

（3）梁的横截面不对称于中性轴。

由式（5-14）可知，W_1 和 W_2 不相等，应取较小的抗弯截面系数。

2. 强度条件的应用

（1）对梁进行强度校核。已知梁的荷载、截面形状尺寸及所用材料，校核梁是否满足强度条件。

（2）确定梁的截面形状和尺寸。已知梁的荷载和材料的许用正应力，设计梁的截面。由式（5-14）求出梁应有的抗弯截面系数 $W_z \geqslant \dfrac{M_{max}}{[\sigma]}$，选择适当的截面形状，计算所需要的截面尺寸。

例如，采用型钢，可由型钢规格表直接查得型钢的型号。型钢的抗弯截面系数要尽可能接近于按公式 $W_z \geqslant \dfrac{M_{max}}{[\sigma]}$ 算出的结果。

（3）确定梁的许用荷载。已知梁的截面尺寸和材料的许用正应力，可计算该梁所能承受的最大许用荷载。为此，按式（5-15）求出最大弯矩 $M_{max} = W_z[\sigma]$，按这个数值算出许用荷载的大小。

【例5-14】一简支木梁，荷载及截面尺寸如图 5-33 所示，木材许用正应力 $[\sigma]$ =11 MPa，试校核其强度。

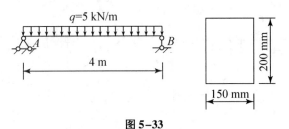

图 5-33

【解】最大正应力发生在弯矩最大的跨中截面上。

$$M_{max} = \frac{1}{8}ql^2 = \frac{1}{8} \times 5 \times 4^2 = 10(\text{kN} \cdot \text{m})$$

抗弯截面系数为

$$W_z = \frac{1}{6}bh^2 = \frac{1}{6} \times 150 \times 200^2 = 1 \times 10^6(\text{mm}^3)$$

最大正应力为

$$\sigma_{max} = \frac{M_{max}}{W_z} = \frac{10 \times 10^6}{1 \times 10^6} = 10 \text{ MPa} < 11 \text{ MPa}$$

满足强度条件。

【例5-15】 如图5-34（a）所示由工字钢制成的外伸梁，其许用正应力 $[\sigma]=160$ MPa，试选择工字钢的型号。

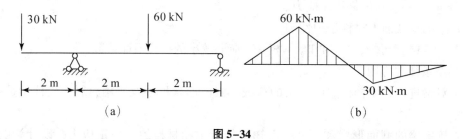

（a）　　　　　　　　　　　　（b）

图 5-34

【解】 （1）作梁的弯矩图，如图5-34（b）所示。梁的最大弯矩值为 $M_{max}=60$ kN·m。

（2）由正应力强度条件得梁所必需的抗弯截面系数 W_z 为

$$W_z \geqslant \frac{M_{max}}{[\sigma]} = \frac{60 \times 10^3}{160} = 375\ 000\ (\text{mm}^3) = 375\ \text{cm}^3$$

（3）由型钢规格表可查得25a号工字钢的抗弯截面系数为 402 cm³>375 cm³，故可选用25a号工字钢。

【例5-16】 如图5-35（a）所示，简支梁的跨度 $l=9.5$ m，梁是由25a号工字钢制成的。其自重 $q=373.38$ N/m，抗弯截面系数 $W_z=401.9$ cm³。外荷载为 F，作用在梁中点，材料为Q235钢，许用弯曲应力 $[\sigma]=150$ MPa。考虑梁的自重，试求此梁能承受的最大外荷载 F。

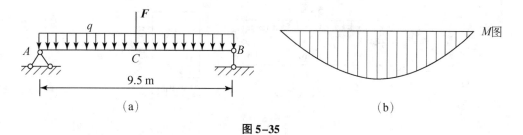

（a）　　　　　　　　　　　　（b）

图 5-35

【解】 外荷载 F 位于梁跨中截面时，该横截面所产生的弯矩最大。其弯矩图如图5-35（b)所示。

最大弯矩为

$$M_{max} = \frac{Fl}{4} + \frac{ql^2}{8}$$

根据强度条件 $M_{max}=W_z[\sigma]$，有 $\dfrac{Fl}{4}+\dfrac{ql^2}{8}=W_z[\sigma]$，则

$$F = \frac{\left(W_z[\sigma] - \dfrac{ql^2}{8}\right) \times 4}{l} = \frac{\left[401.9 \times 10^3 \times 150 - \dfrac{373.38 \times 10^{-3} \times (9.5 \times 10^3)^2}{8}\right] \times 4}{9.5 \times 10^3}$$

$$\approx 23.6 \times 10^3 (\text{N})$$

即 $F = 23.6$ kN，由此求得梁所能承受的最大外荷载 $F = 23.6$ kN。

3. 平面弯曲梁的合理截面

设计梁时，一方面要保证梁具有足够的强度，使梁在荷载作用下能安全地工作；同时应使设计的梁能充分发挥材料的能力，以节省材料，这就需要选择合理的截面形状和尺寸。

梁的强度一般是由横截面上的最大正应力控制的。当弯矩一定时，横截面上的最大正应力 σ_{max} 与抗弯截面系数 W_z 成反比，W_z 越大就越有利。而 W_z 的大小与截面的面积及形状有关，合理的截面形状是在截面面积 A 相同的条件下，有较大的抗弯截面系数 W_z，也就是说 W_z/A 比值大的截面形状合理。在一般截面中，W_z 与其高度的平方成正比，因此尽可能地使横截面面积分布在距中性轴较远的地方，这样在截面面积一定的情况下可以得到尽可能大的抗弯截面系数 W_z，而使最大正应力 σ_{max} 变小，或者在抗弯截面系数 W_z 一定的情况下，减少截面面积以节省材料和减轻自重。因此，工字形截面、槽形截面比矩形截面合理，矩形截面立放比平放合理，正方形截面比圆形截面合理。梁截面形状的合理性也可以从正应力分布的角度来说明。梁弯曲时，正应力沿截面高度呈直线分布，在中性轴附近的正应力很小，这部分材料没有充分发挥作用。如果将中性轴附近的材料尽可能减少，而把大部分材料布置在距中性轴较远的位置处，则材料就能充分发挥作用，截面形状就比较合理。工程中常用的空心板、薄腹梁等就是根据这个道理设计的。工程上常采用工字形、圆环形、箱形等截面形式，如图 5-36 所示。

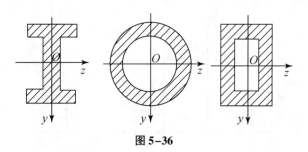

图 5-36

此外，对于用铸铁等脆性材料制成的梁，由于材料的抗压强度比抗拉强度大得多，因此，宜采用 T 形等对中性轴不对称的截面，并将其翼缘部分置于受拉侧，如图 5-37 所示。为了充分发挥材料的能力，应使最大拉应力和最大压应力同时达到材料相应的许用应力。

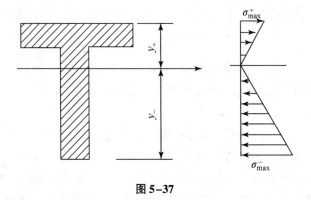

图 5-37

5.5.5 剪应力强度计算

1. 剪应力计算公式

剪应力计算公式为

$$\tau \approx \frac{F_S S_z^*}{I_z b} \tag{5-16}$$

其中，S_z^* 为所求应力点处水平线一侧部分截面对中性轴的静矩，$S_z^* = A^* \cdot y^*$，即 A^* 对中性轴的静矩。

2. 工程上常见的几种截面图形的剪应力沿截面高度分布规律近似计算式

（1）矩形截面如图 5-38 所示，其剪应力计算式为

$$\tau_{max} \approx \frac{3F_S}{2A} \tag{5-17}$$

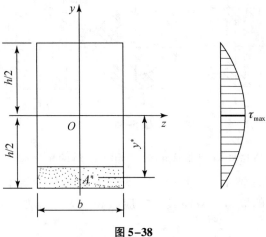

图 5-38

（2）工字形截面如图 5-39 所示，其剪应力计算式为

$$\tau_{\max} \approx \frac{F_{\mathrm{S}}}{h_1 d} \tag{5-18}$$

式中：h_1——腹板的高度；

d——腹板的宽度。

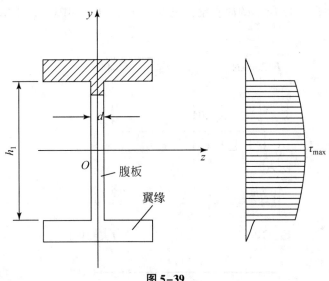

图 5-39

（3）实心圆截面如图 5-40 所示，其剪应力计算式为

$$\tau_{\max} \approx \frac{4 F_{\mathrm{S}}}{3A} \tag{5-19}$$

（4）空心圆截面如图 5-41 所示，其剪应力计算式为

$$\tau_{\max} \approx \frac{2 F_{\mathrm{S}}}{A} \tag{5-20}$$

其中，$A = \dfrac{\pi D^2}{4} - \dfrac{\pi d^2}{4}$。

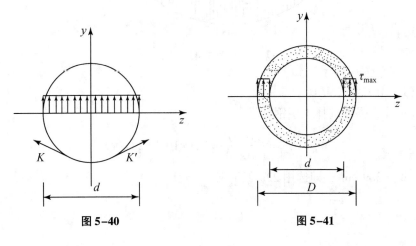

图 5-40　　　　　　　　**图 5-41**

3. 剪应力强度条件

剪应力强度条件见式（5-21）。

$$\tau_{max}=\frac{F_{Smax}S^*_{zmax}}{I_z b}\leqslant[\tau] \tag{5-21}$$

【例5-17】如图5-42所示的简支梁，已知 $[\sigma]=160$ MPa， $[\tau]=100$ MPa，试选择适用的工字钢型号。

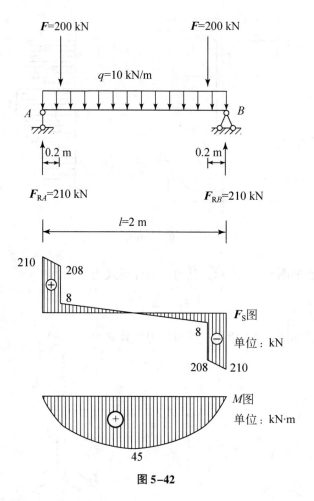

图5-42

【解】（1）作 F_S 图、M 图。

（2）按正应力强度选择工字钢型号。

$$W_z=\frac{M_{max}}{[\sigma]}=\frac{45\times10^3}{160\times10^6}=281\times10^{-6}=281\,(cm^3)$$

查表得 $W_z=309$ cm³，即选用22a工字钢。

（3）剪应力强度校核。

查表得 $\dfrac{I_z}{S_z} = 18.9$ cm，$d = 0.75$ cm。

由 F_S 图知 $F_{Smax} = 210$ kN，代入剪应力强度条件

$$\tau_{max} = \frac{210 \times 10^3}{18.9 \times 10 \times 0.75 \times 10} = 148.1 \text{ MPa} > [\tau] = 100 \text{ MPa}$$

由此校核可见：τ_{max} 超过 $[\tau]$ 很多，应重新设计截面。

（4）按剪应力强度选择工字钢型号。

现以 25b 工字钢进行试算。查表得 $\dfrac{I_z}{S_z} = 21.27$ cm，$d = 1$ cm，则

$$\tau_{max} = \frac{210 \times 10^3}{21.27 \times 10 \times 10} = 98.7 \text{ MPa} < [\tau] = 100 \text{ MPa}$$

（5）要同时满足正应力和剪应力强度条件，应选用型号为 25b 的工字钢。

5.6　梁的变形和刚度条件

梁在外力作用下，不但要满足强度要求，同时还需要满足刚度要求，梁的最大变形不超过某一限度，才能使梁正常工作。

5.6.1　度量弯曲变形的两个量

1. 挠度

梁轴线上的点在垂直于梁轴线方向所发生的线位移 y 称为挠度（工程上一般忽略水平线位移），如图 5-43 所示。

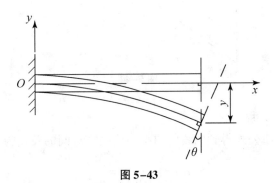

图 5-43

2. 转角

梁变形后的横截面相对于原来横截面绕中性轴所转过的角位移 θ 称为转角。

3. 正负号规定。

（1）坐标系的建立：坐标原点一般设在梁的左端，并规定以变形前的梁轴线为 x 轴，向右为正；以 y 轴代表曲线的纵坐标（挠度），向上为正。

（2）挠度的正负号规定：向上为正，向下为负。

（3）转角的正负号规定：逆时针转向的转角为正；顺时针转向的转角为负。

5.6.2 挠曲线近似微分方程及其积分

1. 挠曲线

在平面弯曲的情况下，梁变形后的轴线在弯曲平面内成为一条曲线，这条曲线称为挠曲线，如图 5-44 所示。

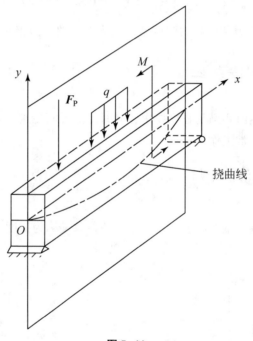

图 5-44

2. 挠曲线近似微分方程

根据高等数学的曲率公式得到曲线的曲率与曲线方程间的关系为

$$K(x) = \frac{1}{\rho(x)} = \frac{\mathrm{d}^2 y}{\mathrm{d}x^2} \tag{5-22}$$

而挠曲线的曲率与梁上弯矩和抗弯刚度间的关系为

$$K(x) = \frac{1}{\rho(x)} = \frac{M(x)}{EI} \tag{5-23}$$

因此，挠曲线的曲线方程与梁的弯矩和刚度间的关系可以用式（5-24）表示

$$\frac{\mathrm{d}^2 y}{\mathrm{d}x^2} = \frac{M(x)}{EI} \tag{5-24}$$

式（5-24）称为挠曲线近似微分方程，由此方程通过积分便可求出挠度和转角，近似解释：

（1）忽略了剪力的影响；

（2）由于小变形，略去了曲线方程中的高次项。

5.6.3　用叠加法计算梁的变形

工程中，通常不需要建立梁的挠曲线方程，只需求出梁的最大挠度，而实际中梁的受力较复杂，因此使用叠加法较为方便。

梁在几项荷载（可以是集中力、集中力偶矩或均布荷载）同时作用下的挠度和转角分别等于每一荷载单独作用下该截面的挠度和转角的叠加。将梁上复杂荷载拆成单一荷载单独作用，计算每一种荷载单独作用下的挠度和转角，然后求代数和，得到整个梁的变形值。这种方法称为叠加法。

5.6.4　梁的刚度条件

在工程中，通常只校核梁的挠度，不校核梁的转角。一般用 f 表示梁的最大挠度，$[f]$ 表示梁的允许挠度。通常用相对挠度 $\left[\dfrac{f}{l}\right]$ 表示梁的刚度条件，即

$$\frac{y_{\max}}{l} \leqslant \left[\frac{f}{l}\right] \tag{5-25}$$

在工程设计中，先按强度条件设计，再用刚度条件校核。

【例 5-18】 如图 5-45 所示的简支梁，受均布荷载 q 和集中力 F 共同作用，截面为 20a 工字钢，材料的允许应力 $[\sigma]=150$ MPa，弹性模量 $E=2.1\times10^5$ MPa，已知 $l=4$ m，$F=12$ kN，$q=12$ kN/m。允许 $\left[\dfrac{f}{l}\right]=\dfrac{1}{400}$ 为单位跨长的挠度值，试校核梁的强度和刚度。

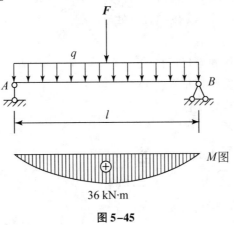

图 5-45

115

【解】（1）设计梁的最大弯矩。

由弯矩图知，$M_{max} = 36$ kN·m。

（2）查附录型钢表 20a 工字钢。

$$W_z = 237 \text{ cm}^3, I_z = 2\ 370 \text{ cm}^4$$

（3）校核强度。

$$\sigma = \frac{M_{max}}{W_z} = \frac{36 \times 10^3}{237 \times 10^{-6}} = 151\,(\text{MPa}) \approx [\sigma] = 150 \text{ MPa}$$

没有超过 5%，可认为满足强度要求。

（4）用叠加法求出跨中最大挠度。

$$y_{max} = y_{qc} + y_{Fc} = \frac{5ql^4}{384EI} + \frac{Fl^3}{48EI}$$

$$= \frac{5 \times 12 \times 10^3 \times 4^4}{384 \times 2.1 \times 10^{11} \times 2\ 370 \times 10^{-8}} + \frac{12 \times 10^3 \times 4^3}{48 \times 2.1 \times 10^{11} \times 2\ 370 \times 10^{-8}}$$

$$\approx 0.008 + 0.003\ 2 = 0.011\ 2\,(\text{m})$$

（5）校核刚度。

$$\frac{y_{max}}{l} = \frac{0.011\ 2}{4} = 0.002\ 8 > \frac{1}{400}$$

因此，该梁的刚度不满足要求。

本章小结

1. 基本概念

平面弯曲：梁的弯曲平面与外力作用平面相重合的弯曲称为平面弯曲。

叠加原理：当梁在外力作用下的变形微小时，梁上若干外力对某一截面引起的内力等于各个力单独作用下对该截面引起的内力的代数和。

叠加原理应用的前提条件：小变形假设。

中性层：梁内既不伸长又不缩短的一层纤维称为中性层。

中性轴：中性层与横截面的交线称为中性轴。

2. 作剪力图和弯矩图的三种方法

（1）内力方程作剪力图和弯矩图；

（2）微分关系作剪力图和弯矩图；

（3）叠加法作剪力图和弯矩图。

3. 平面图形的几何性质

（1）形心坐标：$x_C = \dfrac{\sum A_i x_i}{\sum A_i}$，$y_C = \dfrac{\sum A_i y_i}{\sum A_i}$

（2）静矩：$S_x = Ay_C$，$S_y = Ax_C$

（3）惯性矩：$I_z = \int_A y^2 \mathrm{d}A$，$I_y = \int_A z^2 \mathrm{d}A$

（4）平行移轴公式：$I_z = I_{z_c} + a^2 A$，$I_y = I_{y_c} + b^2 A$

4. 梁的应力计算公式

（1）正应力计算公式：$\sigma = \dfrac{M \cdot y}{I_z}$

（2）剪应力计算公式：$\tau = \dfrac{F_S S_z^*}{I_z b}$

5. 梁的强度计算公式

正应力强度条件：$\sigma_{\max} = \dfrac{M_{z\max} \cdot y_{\max}}{I_z} = \dfrac{M_{z\max}}{W_z} \leqslant [\sigma]$

剪应力强度条件：$\tau_{\max} = \dfrac{F_{S\max} S_{z\max}^*}{I_z b} \leqslant [\tau]$

6. 基本能力

求梁的内力：熟练应用截面法求内力，能够确定剪力和弯矩的正负号。

内力方程法作梁的内力图：正确列出剪力方程和弯矩方程，根据剪力方程和弯矩方程的性质判断内力图形状，描点画图。

利用微分关系作梁的内力图：正确计算关键截面内力，然后根据微分关系作内力图。

叠加法作梁的内力图：先分别作出各个荷载单独作用下的弯矩图，然后叠加。

思 考 题

1. 什么是梁的平面弯曲？

2. 梁的内力有哪些？如何计算？

3. 梁的剪力与弯矩的正负号是如何规定的？

4. M，F_S，q 之间的微分关系是什么？梁的内力图有什么规律？

5. 应用叠加法作弯矩图的前提条件是什么？

6. 什么是梁的中性层？什么是梁的中性轴？如何确定梁的中性轴的位置？

7. 梁的正应力在横截面上是如何分布的？

8. 选取梁合理截面的原则是什么？

习 题

5-1　用截面法求如图 5-46 所示的各梁指定截面上的内力。

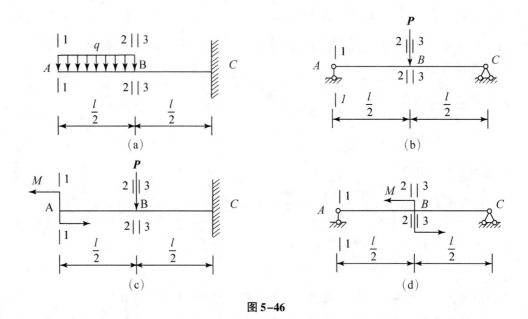

图 5-46

5-2 列出如图 5-47 所示各梁的剪力方程和弯矩方程。

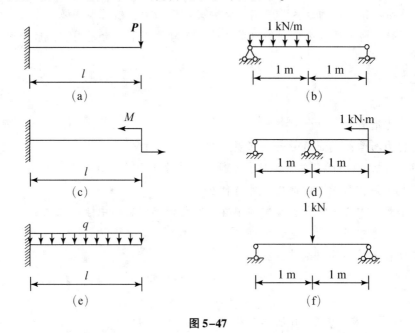

图 5-47

5-3 应用内力图的规律绘出如图 5-48 所示梁的剪力图和弯矩图。

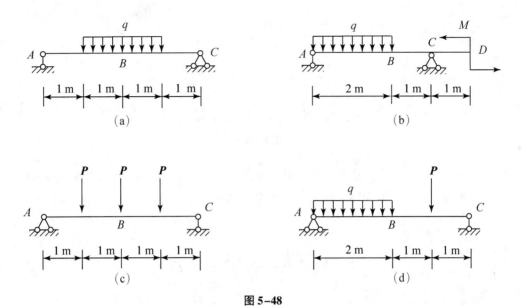

图 5-48

5-4　简支梁如图 5-49 所示，已知 P=6 kN，试求截面 B 上的 a，b，c 三点的正应力。

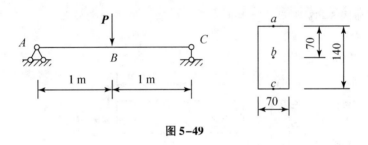

图 5-49

5-5　一矩形截面梁如图 5-50 所示。已知 b=2 m，梁的许用拉应力 $[\sigma_\text{t}]$=30 MPa，许用压应力 $[\sigma_\text{c}]$=90 MPa。试求此梁的许可荷载 $[P]$。

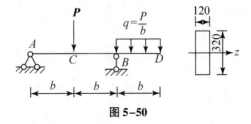

图 5-50

5-6　如图 5-51 所示的外伸梁，由工字钢 20b 制成，已知 l=6 m，P=30 kN，q=6 kN/m，材料的许用应力 $[\sigma]$=160 MPa，许用剪应力 $[\tau]$=90 MPa。试校核此梁强度。

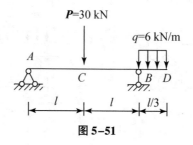

图 5-51

5-7 一圆形截面木梁，承受荷载如图 5-52 所示，已知 $l=3$ m，$F=3$ kN，$q=3$ kN/m，木材的许用应力 $[\sigma]=10$ MPa，试选择圆木的直径 d。

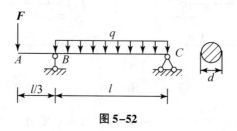

图 5-52

5-8 试求如图 5-53 所示平面图形对形心轴的惯性矩和惯性积。

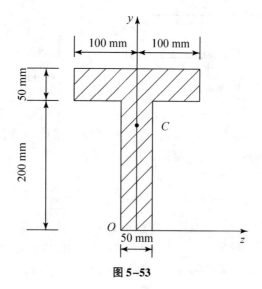

图 5-53

第6章 压杆稳定

学习要求

1. 了解压杆稳定的概念。
2. 了解细长压杆的临界力和临界应力。
3. 了解压杆的稳定计算。
4. 了解提高压杆稳定性的措施。

学习重点

细长压杆的临界力计算,压杆的稳定计算。

6.1 压杆稳定的概念

工程中把承受轴向压力的直杆称为压杆,压杆常被应用于各种工程实际中,如脚手架的立杆和基坑支护的支撑杆。从强度的观点出发,压杆只要满足受压时的强度条件,就能保证其正常工作。但这个结论只适用于短粗杆,细长压杆在轴向压力作用下,其破坏形式与强度问题截然不同。例如,一根长 600 mm 的钢制直杆,其横截面的宽度和高度分别为 32 mm 和 1 mm,材料的抗压许用应力为 215 MPa,按照抗压强度计算,其抗压承载力为 6 880 N,但实际上,杆件在压力不到 20 N 时就发生了明显的弯曲变形,丧失了其在直线形状下保持平衡的能力,从而导致破坏。

在轴向压力作用下,杆内的应力并没有达到材料的许用应力时,杆件就突然发生弯曲甚至破坏,这种现象称为失稳。在工程结构中,如果压杆失稳,可能导致严重的事故。例如,1907 年,加拿大的魁北克大桥在施工时由于两根压杆失稳而引起倒塌,桥上有 70 多人坠河遇难。

近年来,由于结构形式的发展和高强度材料的普遍应用,轻型而薄壁的结构构件不断增多,薄板、薄壳、薄壁圆柱筒壳等都可能出现失稳。本书只介绍细长压杆的稳定计算。

取图 6-1 (a) 所示的等直细长杆,施加大小不等的轴向压力。为便于观察,对压杆施加微小的横向干扰力,可以观察到以下结果。

(1) 当轴向压力 F_P 小于某一数值 F_{Pcr} 时,撤去横向干扰力后,压杆将在直线平衡位置左右摆动,最终仍恢复到原来的直线平衡状态,如图 6-1 (b) 所示,这种直线平衡状态是稳定的平衡。

（2）当轴向压力 F_P 恰好等于某一数值 F_{Pcr} 时，撤去横向干扰力后，压杆就在被干扰所形成的微弯状态下处于新的平衡，如图 6-1（c）所示，这种状态的平衡称为临界平衡。

（3）当轴向压力 F_P 大于某一数值 F_{Pcr} 时，撤去横向干扰力后，压杆将继续弯曲，产生显著的变形，从而使压杆失去承载能力，如图 6-1（d）所示。这表明，此时压杆的直线平衡状态是不稳定的，该压杆直线状态的平衡是不稳定平衡。

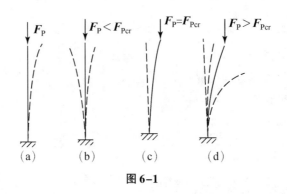

图 6-1

在轴向压力由小逐渐增大的过程中，压杆由稳定的平衡转变为不稳定的平衡，这种现象称为压杆丧失稳定性或压杆失稳。显然压杆失稳破坏的实质是压杆失去了稳定平衡能力而造成的一种破坏现象。压杆是否失稳与轴向压力的大小有关。

压杆由直线状态的平衡过渡到不稳定平衡时所对应的轴向压力称为压杆的临界压力或临界力，用 F_{Pcr} 表示。因此，对于压杆稳定性的研究，关键在于确定压杆的临界力。

6.2　细长压杆的临界力和临界应力

6.2.1　细长压杆的临界力

在材料服从胡克定律和小变形条件下，根据弯曲变形的理论可推导出细长压杆临界力的计算公式，即欧拉公式

$$F_{Pcr} = \frac{\pi^2 EI}{(\mu l)^2} \tag{6-1}$$

式中：E——材料的弹性模量；

I——杆件截面的最小惯性矩；

l——杆件的长度；

μ——长度系数，与压杆两端的约束条件有关；

μl——计算长度。

式（6-1）是欧拉公式的一般形式，四种常见的理想支承情况下细长压杆的长度系数 μ 见表 6-1。实际问题中压杆的支承情况还可能还有其他形式，其长度系数的取值可参阅有关规范。

表 6-1　细长压杆的长度系数

细长压杆的支承情况	长度系数
两端铰支	$\mu=1$
一端固定，另一端自由	$\mu=2$
一端固定，另一端定向	$\mu=0.5$
一端固定，另一端铰支	$\mu=0.7$

【例 6-1】有一钢管，长 2.5 m，外径为 89 mm，壁厚为 4 mm。管的一端固定在混凝土基础上，而另一端为自由端，受一轴向压力 F 的作用。已知压杆的材料为 Q235 钢，弹性模量 $E=206$ GPa，$\lambda_p=100$ MPa。试求钢管的临界荷载。

【解】（1）计算钢管的柔度。

钢管横截面的惯性半径

$$i=\sqrt{\frac{I}{A}}=\sqrt{\frac{\dfrac{\pi(D^4-d^4)}{64}}{\dfrac{\pi(D^2-d^2)}{4}}}=\frac{\sqrt{D^2+d^2}}{4}=\frac{\sqrt{89^2+(89-2\times4)^2}}{4}\approx30.1(\text{mm})$$

$$\lambda=\frac{\mu l}{i}=\frac{2\times2\,500}{30.1}\approx166.1\text{ MPa}>\lambda_p=100\text{ MPa}$$

此为大柔度杆，应按欧拉公式计算钢管的临界荷载。

（2）先求截面惯性矩。

$$I=\frac{\pi}{64}(D^4-d^4)=\frac{\pi}{64}(89^4-81^4)\approx9.67\times10^5(\text{mm}^4)$$

（3）确定 μ 值。由表 6-1 查得压杆的一端固定，另一端自由时，$\mu=2$。

（4）确定钢管的临界荷载。

$$F_{\text{Pcr}}=\frac{\pi^2 EI}{(\mu l)^2}=\frac{\pi^2\times206\times10^9\times9.67\times10^{-7}}{(2\times2.5)^2}\approx78.6\times10^3=78.6(\text{kN})$$

6.2.2　细长压杆的临界应力

压杆处于临界状态时横截面上的平均应力，称为压杆的临界应力，用 σ_{cr} 表示，其计算公式为：

$$\sigma_{\text{cr}}=\frac{F_{\text{Pcr}}}{A}=\frac{\pi^2 EI}{(\mu l)^2 A} \tag{6-2}$$

令 $i=\sqrt{\dfrac{I}{A}}$，i 称为惯性半径，则式（6-2）可改写为

$$\sigma_{\text{cr}}=\frac{\pi^2 E}{\left(\dfrac{\mu l}{i}\right)^2} \tag{6-3}$$

令 $\lambda = \dfrac{\mu l}{i}$，则压杆临界应力的欧拉公式为

$$\sigma_{cr} = \frac{\pi^2 E}{\lambda^2} \tag{6-4}$$

式（6-4）是压杆临界应力的计算公式，是欧拉公式的另一种表达形式，式中 λ 称为压杆的柔度或长细比，为无量纲的量，其与杆件的截面形状和尺寸、杆件的长度、杆件所受的约束情况、材料的弹性模量有关。

6.2.3 欧拉公式的适用范围

欧拉公式是在材料服从胡克定律的前提条件下推导出来的，因此，只有在压杆的应力不超过材料的比例极限时，才可以用欧拉公式计算临界应力，即

$$\sigma_{cr} = \frac{\pi^2 E}{\lambda^2} \leqslant \sigma_p$$

对应于比例极限的长细比为

$$\lambda_p = \sqrt{\frac{\pi^2 E}{\sigma_p}} \tag{6-5}$$

故欧拉公式的适用范围为

$$\lambda \geqslant \lambda_p \tag{6-6}$$

满足式（6-6）的杆件即为细长杆，也称为大柔度杆。λ_p 与材料的性质有关，使用时可以查阅相关工程手册。

当压杆的柔度 $\lambda < \lambda_p$ 时，称为中、小柔度杆，此时欧拉公式已不适用，压杆的临界应力在工程计算中常采用建立在实验基础上的经验公式。在结构中常用的抛物线公式为

$$\sigma_{cr} = a - b\lambda^2 \tag{6-7}$$

式（6-7）中，a，b 为与材料性质有关的常数，使用时可查阅相关工程手册。

6.3 压杆的稳定计算

6.3.1 压杆的稳定条件

当压杆中的应力达到（或超过）临界应力时，压杆将要丧失稳定。因此，为使受压杆件不失去稳定，其横截面上的应力应小于临界应力。在工程中，还需要考虑一定的安全储备，这就要求压杆横截面上的应力不超过压杆的稳定许用应力 $[\sigma_{cr}]$，即

$$\sigma = \frac{F_P}{A} \leqslant [\sigma_{cr}] \tag{6-8}$$

式（6-8）为压杆要满足的稳定条件。$[\sigma_{cr}]$ 为稳定许用应力，其值为

$$[\sigma_{cr}] = \frac{\sigma_{cr}}{n_{st}} \tag{6-9}$$

式中：n_{st}——稳定安全系数。

在工程计算中，通常将稳定许用应力改用强度许用应力来表达。

$$[\sigma_{cr}] = \varphi[\sigma] \tag{6-10}$$

式中：φ——折减系数，稳定许用应力与强度许用应力的比值，其值小于1，常用材料的折减系数可查表6-2；

　　[σ]——强度计算时的许用应力。

因此，压杆折减系数法的压杆稳定条件为

$$\sigma = \frac{F_P}{A} \leqslant \varphi[\sigma], \quad \frac{F_P}{A\varphi} \leqslant [\sigma] \tag{6-11}$$

注意：[σ_{cr}] 和 [σ] 虽然都是许用应力，但是两者有很大的不同。[σ] 只与材料有关，当材料一定时，其值为定值；而 [σ_{cr}] 除了与材料有关，还与压杆的长细比有关，因此，相同材料制成的不同长细比的压杆，其 [σ_{cr}] 是不同的。

表 6-2　常用材料的折减系数

λ	φ		λ	φ	
	Q235 钢	16 锰钢		Q235 钢	16 锰钢
0	1.000	1.000	110	0.536	0.386
10	0.995	0.993	120	0.466	0.325
20	0.981	0.973	130	0.401	0.279
30	0.958	0.940	140	0.349	0.242
40	0.927	0.895	150	0.306	0.213
50	0.888	0.840	160	0.272	0.188
60	0.842	0.776	170	0.243	0.168
70	0.789	0.705	180	0.218	0.151
80	0.731	0.627	190	0.197	0.136
90	0.669	0.546	200	0.180	0.124
100	0.604	0.462			

6.3.2　压杆稳定条件的工程应用

应用压杆稳定条件，可以进行以下三个方面的计算：

（1）压杆稳定校核。已知压杆的几何尺寸、所用材料、支承条件及承受的压力，验算是否满足式（6-11）的稳定条件。

（2）压杆稳定时的许用荷载。已知压杆的几何尺寸、所用材料及支承条件，按照稳定条件计算其能够承受的许用荷载值。

（3）进行截面设计。已知压杆的长度、所用材料、支承条件及承受的压力，按照稳定条件计算压杆所需的截面尺寸。这类问题，通常采用试算法。

6.4　提高压杆稳定性的措施

提高压杆稳定性的措施应从影响压杆的临界力（或临界应力）的各种因素去考虑。影响压杆的临界力和临界应力的因素有：压杆的长度、横截面形状及大小、支承条件及压杆所用材料等。因此，可从以下四个方面考虑。

1. 合理选择材料

对于大柔度压杆，在其他条件相同的情况下，其临界力（或临界应力）与材料的弹性模量成正比。因此，选择弹性模量较高的材料可提高大柔度压杆的临界应力，提高其稳定性。但是对于钢材来说，各类钢材的弹性模量大致相同，从稳定的角度看，选用高强度钢材并不比普通钢优越。

对于中、小柔度压杆，临界应力与材料的强度有关，选择高强度的材料有助于提高压杆的稳定性。

2. 选择合理的截面形状

在压杆截面面积不变的前提下，若增大截面的惯性矩，可以增大截面的惯性半径，降低压杆的柔度，从而提高压杆的稳定性。因此，如果不增加截面面积，应尽可能使材料远离截面形心轴，以取得较大的惯性矩。当截面面积相同时，空心圆截面比实心圆截面更合理，如图6-2所示；分散布置形式的组合截面要比集中布置形式的组合截面更合理，如图 6-3所示。

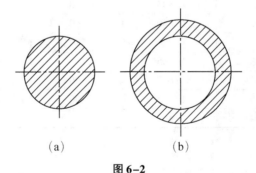

(a)　　　　　　　(b)

图 6-2

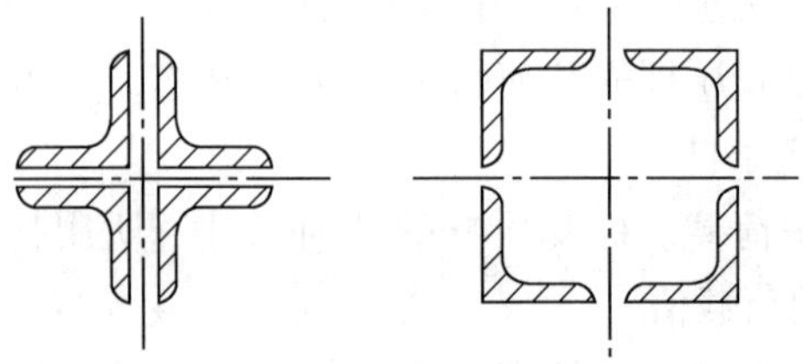

(a)　　　　　　　(b)

图 6-3

另外，由于压杆总是在柔度较大（临界力较小）的纵向平面内首先失稳，所以应注意尽可能使压杆在各个纵向平面内的柔度都相同，以充分发挥压杆的稳定承载能力。

3. 减小压杆长度

由临界力计算公式可知，压杆的临界力与压杆长度的平方成反比，所以减小压杆长度是提高压杆稳定性的有效措施之一。在条件允许时，可通过减小压杆长度或在压杆中间增加支承来提高压杆的稳定性。如图 6-4 所示两端铰支的细长压杆，若中间增加一铰支座，它的临界应力则提高为原来的四倍。工程中脚手架与墙体的连接就是提高其稳定性的措施之一。

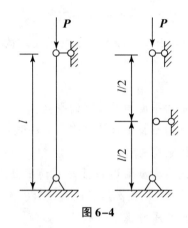

图 6-4

4. 改善压杆的约束条件

压杆的杆端约束越强，长度系数就越小，其临界应力也就越大。在条件允许的前提下，增加压杆的约束，可大大提高压杆的稳定性。在相同条件下，从表 6-1 可知，自由支座最不利，铰支座次之，固定支座最有利。例如，在框架柱中，刚结柱脚比铰结柱脚的约束强，相应地，刚结柱的稳定性更高。

本章小结

1. 压杆失稳的概念

在轴向压力由小逐渐增大的过程中，压杆由稳定的平衡转变为不稳定的平衡，这种现象称为压杆丧失稳定性或压杆失稳。

2. 临界力和临界应力

压杆由直线状态的平衡过渡到不稳定的平衡时所对应的轴向压力称为临界力。压杆处于临界状态时横截面上的平均应力，称为压杆的临界应力。

3. 临界应力的计算

（1）细长杆（$\lambda \geqslant \lambda_p$）使用欧拉公式：

$$\sigma_{cr} = \frac{\pi^2 E}{\lambda^2}$$

（2）中长杆（$\lambda < \lambda_p$）使用经验公式：

$$\sigma_{cr} = a - b\lambda^2$$

柔度是压杆长度、支承情况、截面形状和尺寸等因素的综合值，是稳定计算中的重要几何参数。

4. 压杆的稳定计算

压杆折减系数法的压杆稳定条件为

$$\sigma = \frac{F_P}{A} \leqslant \varphi[\sigma], \qquad \frac{F_P}{A\varphi} \leqslant [\sigma]$$

应用压杆稳定条件，可进行压杆稳定校核，压杆稳定时的许用荷载，进行截面设计。

思 考 题

1. 什么是失稳？什么是稳定的平衡和不稳定的平衡？

2. 什么是临界力？两端铰支的细长压杆计算临界力的欧拉公式的应用条件是什么？

3. 什么是柔度？它与哪些因素有关？

4. 实心截面改为空心截面能增大截面的惯性矩从而提高压杆的稳定性，是否可以把材料无限制地加工使其远离截面形心，以提高压杆的稳定性？

5. 选用高强度钢材对提高细长压杆稳定性的效果如何？

6. 只要保证压杆的稳定就能够保证其承载能力，这种说法是否正确？

习 题

6-1　一根两端铰支的20a号工字钢细长压杆，长 $l = 3$ m，钢的弹性模量 $E = 200$ GPa，试计算此压杆的临界力。

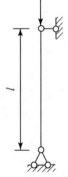

图6-5

6-2　两端铰支的中心压杆是钢制空心圆管，其外径和内径分别为12 mm和10 mm，杆的长度为383 mm，钢材的弹性模量为 $E = 210$ GPa，试计算此压杆的临界力。

6-3　某轴向压杆，截面为矩形，$b = 20$ mm，$h = 100$ mm，长度 $l = 2$ m，两端铰支，材料为Q235钢，材料的弹性模量 $E = 200$ GPa，试计算此压杆的临界力和临界应力。

6-4　钢管柱承受轴向力 $P = 300$ kN，钢管的外径 $D = 102$ mm，内径 $d = 86$ mm，$l = 2\,200$ mm，如图6-5所示，材料为Q235钢，许用应力 $[\sigma] = 160$ MPa，试校核该柱的稳定性。

6-5　一端固定，一端自由的压杆，如图 6-6 所示，材料为 Q235 钢，已知 $P = 240$ kN，$l = 1\,500$ mm，$[\sigma] = 140$ MPa，试选择一工字截面。

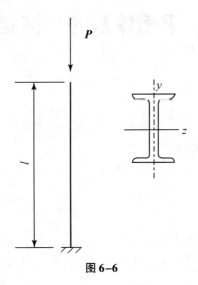

图 6-6

第7章 平面体系的几何组成分析

学习要求

1. 了解几何不变体系、几何可变体系、瞬变体系、刚片、约束、自由度等概念。
2. 掌握几何不变体系的组成规则。
3. 理解结构的几何构造与静定性的关系。

学习重点

1. 平面几何不变体系的组成规则。
2. 几何构造与静定性的关系。

7.1 几何组成分析的目的

若干个杆件以某种方式相互联结，并与基础相连，构成杆件体系。若体系的杆件、约束和外部作用均在同一平面内，则称为平面体系。若此体系是建筑物用来抵御外荷载的骨架则称之为结构。那么，是不是所有的杆件体系都可作为结构呢？首先观察图 7-1（a）和图 7-1（b）所示的两个体系，两者是由四根链杆和两个相同的支座组成的不同的体系。对两种体系进行承载力测试发现，图 7-1（a）所示体系的几何形状是不稳定的，即使受到一个极其微小的水平扰动力就会侧向倾倒。这种在忽略材料变形的条件下，形状和位移仍会发生变化的体系称为几何可变体系。而图 7-1（b）所示体系却有很高的承载能力，是一种在忽略材料变形时，不发生其他变形和位移的体系，称为几何不变体系。显然，只有几何不变体系才可以作为结构使用。

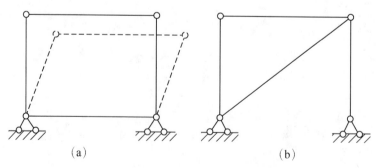

    （a）   （b）

图 7-1

利用几何学的原理对平面体系发生运动的可能性进行分析，称为平面体系的几何组成分析。平面体系的几何组成分析的目的是判断某个体系是否为几何不变体系，是否能作为结构使用。

7.2　自由度和约束

7.2.1　自由度

自由度是指体系运动时，可以独立改变的几何参数的数目，也可以说是确定体系位置所需独立坐标的数目。

图 7-2 所示 xOy 平面内一质点 A 在平面内可以沿 x 轴和 y 轴两个方向移动。要确定该点在 xOy 平面内的位置，需要 x_A 和 y_A 两个独立的坐标。因此，平面内一点有两个自由度。刚体在平面体系中称为刚片。下面观察图 7-3 所示平面内的一个刚片，其为几何形状不变的平面体。由于一个刚片在平面内有 3 种独立的运动方式，即 x 轴和 y 轴方向平移运动及在 xOy 面内的转动。要确定刚片的位置，至少需要 x_A，y_A 和 φ 三个独立的参量。首先用 x_A，y_A 两坐标可确定刚片上任一点 A 的位置，再用 φ 表示刚片上任意线段 AB 的倾斜角，因此平面内一刚片有 3 个自由度。一般来说，如果一个体系有 n 个独立的运动方式，则这个体系有 n 个自由度。也就是说，如果一个体系的自由度为零，那么它就为几何不变体系，也就可以作为结构使用。

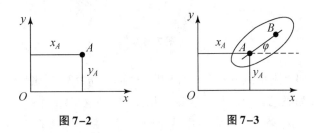

图 7-2　　　　　　　　　　图 7-3

7.2.2　约束

平面杆件体系并非单个质点或刚片，而是若干根杆件通过结点和支座联系的复杂体系。这些联系对体系各部分之间的位置关系形成几何学上的限制，同时也减少了体系自由度。凡是能限制平面杆件体系某一方面运动的装置都称为约束（又称联系）。

对于一个杆件体系来说，杆件之间及杆件与基础之间常见的约束有链杆、铰和刚性联结。它们对运动的限制程度如何呢？下面来观察一组刚片受到不同约束时的自由度的变化。如图 7-4（a）所示，杆件 AB 可视为一刚片，平面中一个自由刚片有 3 个自由度。现用链杆 AC 将杆件 AB 与基础相连，限制了其沿链杆方向的运动，只保留两种运动方式：A 点沿以 C 为圆心、以 AC 为半径的圆弧移动；AB 绕 A 点转动。此时，刚片的位置只需要链杆与刚片

的倾斜角 φ_1 和 φ_2 两个参数确定，其自由度由原来的 3 减少为 2，由此可知，一个链杆相当于一个约束。

如图 7-4（b）所示，杆件 AB 视为刚片，用单铰 A 与基础相连，所谓单铰就是联结两个刚片的铰。单铰限制了刚片在水平和竖直两个方向上的运动，刚片只能绕 A 点发生转动，刚片只需要一个参数 φ 就可以确定其位置，刚片自由度由 3 减少为 1，由此可见，一个单铰使体系自由度减少了两个，即一个单铰相当于两个约束。

如图 7-4（c）所示，平面中两个自由刚片有 6 个自由度，现图中两刚片在 B 处用一单刚结点（将两个刚片刚性联结成一个整体的结点称为单刚结点）联结起来。此时两个刚片成为一个整体，可视为一个大刚片，体系的自由度由 6 减少为 3。另外，A 端的固定端也可看作基础刚片与刚片 I 联结的单刚节点。在力学中，基础通常被视为固定不动的，也就是没有自由度的，因此 A 刚结点使整个体系自由度变成 0。由此可见，一个单刚结点或一个固定端相当于 3 个约束。

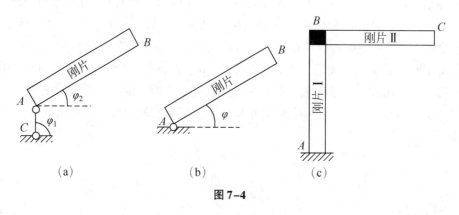

图 7-4

上面提到了单铰和单刚结点的概念，而同时联结 n（n≥3）个刚片的铰称为复铰，如图 7-5（a）所示，A 铰为联结 3 个刚片的复铰。从图中不难看出，体系的位置只需要 5 个独立的参数 x，y，φ_1，φ_2，φ_3 就可以确定，也就是说，这个复铰将 3 个自由刚片的 9 个自由度减

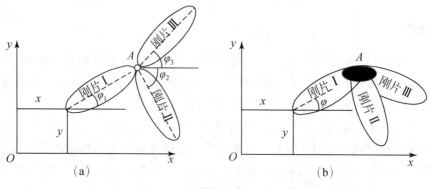

图 7-5

少了4个，恰恰相当于两个单铰的约束。分析表明：联结 n 个刚片的复铰相当于 $(n-1)$ 个单铰约束。同时联结 n $(n \geq 3)$ 个以上刚片的刚结点称为复刚结点，如图 7-5（b）所示，A 结点为联结3个刚片的复刚结点，只需3个独立坐标参数确定其中一个刚片的位置，则整个体系的位置全部确定了，将体系自由度由9减至3。同理可知，联结 n 个刚片的复刚结点相当于 $(n-1)$ 个单刚结点约束。

在使用中一般不对刚结点进行单刚结点和复刚结点的区分，只将刚结点联结的所有杆件视为同一刚片进行分析。

7.2.3　虚铰和无穷远虚铰

如图 7-4（b）和图 7-5（a）所示，这种联结两个刚体可绕其旋转的铰称为实铰。如图 7-6（a）所示，两刚片用两个相交于 O 点的两个链杆联结，那么这两根链杆构成一个实铰，使刚体在两根链杆的限制下绕 O 点转动。此时观察图 7-6（b）所示的两刚片，用两根不平行的链杆相联结，由于链杆的约束作用，刚片 Ⅱ 上的 B 点相对刚片 Ⅰ 的微小位移应与链杆 AB 垂直，D 点相对刚片 Ⅰ 的微小位移应与链杆 CD 垂直。若以 O 点表示两根链杆轴线延长线的交点，显然刚片 Ⅰ 相对刚片 Ⅱ 可以发生以 O 点为中心的微小转动，因此两根链杆所起的约束作用相当于在其交点处的一个铰所起的约束作用，则瞬时转动中心 O 点称为联结刚片 Ⅰ 和刚片 Ⅱ 的虚铰（又称瞬铰）。

在此，要对虚铰进行几点说明：第一，组成虚铰的两链杆必须是联结的两个相同刚片；第二，虚铰和实铰的约束作用是相同的，但虚铰在运动中位置是改变的，这点是与实铰不同的；第三，当联结相同两个刚片的两根链杆平行时，如图 7-6（c）所示，认为两根链杆所起的约束作用相当于无穷远处的虚铰所起的约束作用，称为无穷远虚铰。若组成无穷远虚铰的两根平行链杆不等长，当刚片发生微小运动后，两根链杆将不再平行，变为有限远虚铰。若两根链杆等长，两根链杆运动过程中始终保持平行，虚铰将从一个无穷远点变换到另一个无穷远点。

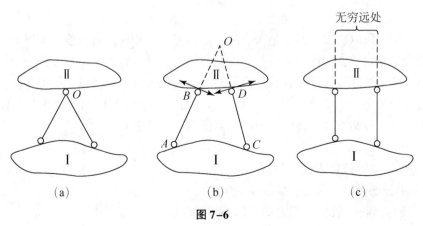

图 7-6

7.2.4　平面体系的计算自由度

本节对约束讨论的目的是希望得到平面体系的自由度，一种简单的想法是用体系的自由度数减去联系的约束数来得到自由度。这种设想是否正确呢？一根链杆一定减少一个自由度吗？图7-7（a）所示体系为自由度为1的几何可变体系。现添加一根链杆 BC，如图7-7（b）所示，显然链杆 BC 恰恰限制了体系的运动，将自由度变为0，体系变为几何不变体系，此时，称这种约束为必要约束。而图7-7（c）也是在图7-7（a）的体系上添加一根链杆 EF，但不难看出，此链杆对限制体系运动不起任何作用，体系自由度仍然是1，说明 EF 杆在限制几何可变体系原本运动方面是多余的。图7-7（d）是在图7-7（b）的几何不变体系上又添加一根链杆 AD，体系的自由度仍然为0，可见链杆 AD 在减少体系自由度方面是多余的。图7-7（c）和图7-7（d）中这些必要约束以外的约束称为多余约束。而这两者中的多余约束对体系的几何性状的影响是不同的，这说明约束是否能减少自由度还与其布置是否得当有关。

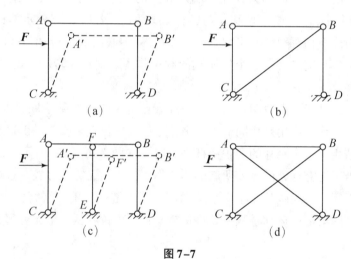

图 7-7

从上面的例子可以看出，并不是所有的约束都能减少相应的自由度。为了确定平面体系中的约束数量是否足够，在此引入计算自由度的概念。计算自由度是指各研究对象的总自由度数与体系总约束数之差。虽然计算自由度与自由度是完全不同的概念，但计算自由度是对体系进行几何组成分析的辅助工具，用 W 表示。将研究对象看作刚片体系时，即认为任意体系都是由刚片、铰结点和支座链杆三部分组成的，计算公式为

$$W = 3n - 2h - r \tag{7-1}$$

式中：n——体系中被认定为刚片的数目；

　　　h——单铰的数目（复铰换算为单铰）；

　　　r——支座链杆的数目（固定端看作3根链杆计算）。

若体系中的结点均为铰结点，也可将体系看作结点体系。设一个平面体系的结点数为 j，

链杆数为 b，此处所说链杆包括上部结构链杆和支座链杆，则有

$$W=2j-b \tag{7-2}$$

在以上两公式中，式（7-1）因适用于所有平面体系，应用最多，现以图 7-7 所示的四个平面体系为例进行验算。

如图 7-7（a）所示的体系，将 CA，AB，BD 三根杆件看作 3 个刚片，A 和 B 分别为两个单铰，C，D 两个固定铰支座共为 4 个支座链杆，因此其计算自由度 $W_a=3\times3-2\times2-4=1$；如图 7-7（b）所示的体系中有 4 个刚片，$B$ 结点为一个联结 3 个刚片的复铰，应换算为两个单铰，再加上 A 和 C 两结点的两个单铰，共计 4 个单铰，支座链杆数为 4 个，可得 $W_b=3\times4-2\times4-4=0$；同样亦可计算图 7-7（c）、图 7-7（d）中的计算自由度分别为 $W_c=3\times4-2\times3-6=0$ 和 $W_d=3\times5-2\times6-4=-1$。由此例可以看出计算自由度并不是体系的真实自由度，但也可以定性地判断体系的几何组成性质。

（1）当 $W>0$ 时，参照图 7-7（a），体系一定有自由度，那么体系肯定有在一定方向上的位移，此时体系必为几何可变体系。

（2）当 $W=0$ 时，参照图 7-7（b）、图 7-7（c），体系各研究对象的自由度之和恰好等于该体系的所有约束数，但显然图 7-7（b）所示的体系为几何不变体系，而图 7-7（c）所示的体系为几何可变体系。因此 $W=0$ 并不是判定体系是否可变的标准。

（3）当 $W<0$ 时，参照图 7-7（d），体系中的约束数量超过了体系各研究对象的自由度之和，即存在多余约束。但计算自由度不能体现约束位置是否得当，依然不能判断体系的几何性质。

综上所述，一个几何不变体系必然满足计算自由度 $W\leq0$，但体系满足 $W\leq0$ 的体系并不一定是几何不变体系。也就是说，体系的计算自由度 $W\leq0$ 只是体系几何不变的必要条件，而非充分条件。由此可见，若要判定体系能不能作为结构来使用，还需研究体系几何不变的充分条件。

7.3　几何不变体系的组成规则

观察几何不变体系的内在组成规律，可得到判别方法。根据三角形的唯一性（如果三角形的三个边给定，则三角形的形状唯一确定）这一性质，铰结三角形必是一个无多余约束的几何不变体系。将三角形中的全部或部分链杆视为刚片时，可得到以下几种几何不变体系的组成规则。

7.3.1　三刚片规则

如图 7-8 所示，将铰结三角形 ABC 的三根链杆均看作刚片可得到三刚片规则，即三个刚片用不在同一直线上的三个单铰（包括虚铰）两两相连，组成的体系是无多余约束的几何不变体系。

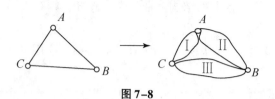

图 7-8

在三刚片规则的学习中，有以下几点需要特别注意。

（1）如果两两联结三刚片的三个单铰共线，从图 7-9 中可以看出，因体系在 C 点的竖直方向可发生位移，体系的几何形状是不稳定的，在一个很小的外力作用下就会发生运动。但当 AC，BC 杆件分别绕着 A，B 铰发生微小转角后，两链杆不再共线，其几何形状将不再发生变化。这种发生微小位移后运动就不再继续变化的几何可变体系称为瞬变体系。

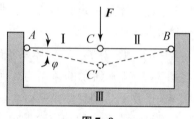

图 7-9

几何常变体系是指可以发生位移的几何可变体系，如图 7-7（a）、图 7-7（c）所示的体系。几何瞬变体系和几何常变体系都不能作为结构使用。

（2）两两联结三刚片且不在同一直线上的三个铰可以是实铰，也可以是虚铰；可以是有限远虚铰，也可以是无穷远虚铰。如图 7-10（a）、图 7-10（b）所示的体系均满足三刚片规则。

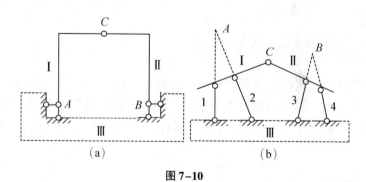

（a）　　　　　　　　　　（b）

图 7-10

（3）三刚片的三个单铰有无穷远虚铰情况。

① 一铰无穷远。联结刚片的三铰中一铰无穷远，另两个单铰是有限远虚铰，如图 7-11（a）所示。此时根据射影几何学的知识可知，若两个有限远虚铰的连线不平行于无穷

远虚铰的无限远方向，则体系是无多余约束的几何不变体系，也就是说图 7-11（a）所示体系为几何不变体系；而若两个有限远虚铰的连线与无穷远虚铰的无限远方向平行，同一方向上的所有平行线都交于该方向无限远处一点，则体系为瞬变体系。

② 两铰无穷远。联结刚片的三铰中两铰无穷远，如图 7-11（b）所示。若图中所示组成这两个虚铰的链杆相互不平行，那么根据射影几何学的知识，不同的方向有不同的无限远点，组成三刚片的三个单铰不共线，符合三刚片规则，因此该体系是无多余约束的几何不变体系；但是，若是组成两个无穷远虚铰的链杆相互平行，那么同一方向上的所有平行线都交于该方向无限远处一点，此时组成三刚片的三个单铰共线，体系为瞬变体系；若组成每个无穷远虚铰的两根链杆等长，则体系为几何常变体系。

③ 三铰无穷远，如图 7-11（c）所示。根据射影几何学的知识，所有无穷远点都在同一直线上，因此该体系为瞬变体系；但若组成每个虚铰的两根链杆等长，则体系为几何常变体系。

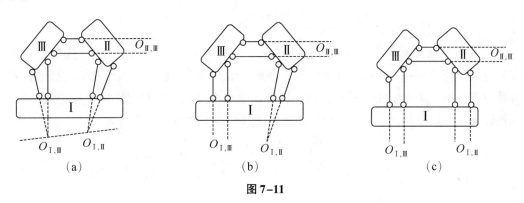

图 7-11

7.3.2　两刚片规则

如图 7-12 所示，将铰结三角形 ABC 的三根链杆中的两根链杆看作刚片可得到两刚片规则：两个刚片用一个铰和一根不通过该铰的链杆相连，组成的体系是无多余约束的几何不变体系。

根据实铰和虚铰的概念，两刚片规则还可表述成：两个刚片用不全平行也不全交于一点的三根链杆相连，组成的体系是无多余约束的几何不变体系。

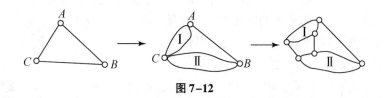

图 7-12

在两刚片规则的学习中，有以下几点需要特别注意。

（1）如果联结两刚片的三根链杆交于同一实铰 O，如图 7-13（a）所示，刚片 I 相对刚片 II 会绕该铰转动，因此该体系为几何常变体系。如果联结两刚片的三根链杆交于同一虚铰，如图 7-13（b）所示，一旦体系发生微小位移（绕虚铰发生转动），三根链杆则不再交于一点，因此该体系为瞬变体系。

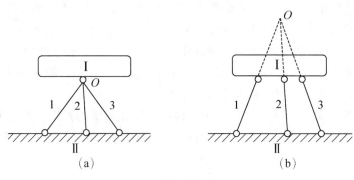

图 7-13

（2）如果联结两刚片的三根链杆相互平行，如图 7-14（a）所示，可以认为它们交于无穷远虚铰，与交于一点虚铰属相同情况，体系为瞬变体系；若联结两刚片的三根链杆相互平行且等长，如图 7-14（b）所示，当刚片 I 发生水平方向的位移时，由于三根链杆等长，所以链杆发生的转角相同，此体系能持续变动下去，此时为几何常变体系。

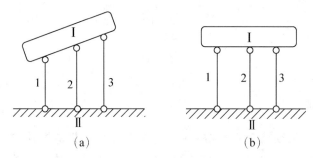

图 7-14

7.3.3　二元体规则

二元体是指两根不在同一条直线上的链杆联结一个结点的装置，如图 7-15（a）、图 7-15（b）、图 7-15（c）中体系上的装置均为二元体，由此可见链杆可为直杆、折杆和曲杆，同时，结点除图中所示全铰结点外，也可为组合结点，即半刚结点。而图 7-15（d）所示的体系中两链杆共线，因此不是二元体。

二元体规则：在一个体系上增加或拆除二元体，不改变原体系的几何组成性质。也就是说，若原体系为几何不变体系，加减二元体后依然为几何不变体系；若原有体系为几何可变体系，加减二元体后依然为几何可变体系。

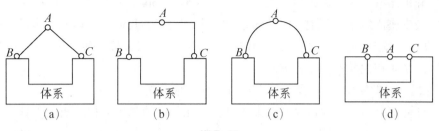

图 7-15

观察图 7-16 所示的三角形，若将其中一个链杆看作刚片，则剩下链杆组成的装置 *CAB* 为一个二元体。由三角形的稳定性可知：在一个几何不变体系上增加或拆除若干个二元体形成的新体系为几何不变体系。这也是几何不变体系的一个重要组成规则。

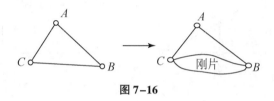

图 7-16

7.3.4 几何组成分析的常用分析途径及示例

为了更好地应用几何组成分析的基本组成规则，在此推荐几种体系几何组成分析的常用途径。

（1）去掉二元体，将体系简化后再分析。

（2）当整个体系与基础之间以简支方式相连时，若把基础看作一刚片，则由三根链杆组成的简支约束恰好符合两刚片的联结方式。因此，只需分析基础以外的杆件部分，该部分的几何组成性质即为整个体系的几何组成性质。

（3）对于支座较多、较分散的体系，一般采用从基础开始逐渐组装的方法。

（4）当体系杆件数较多时，可灵活使用三刚片规则。

（5）当体系较复杂时，把能直接观察到的几何不变部分当作刚片。

对于杆件众多的体系，往往还需要两种或多种以上这些途径配合使用。

【例 7-1】试对图 7-17 所示体系进行几何组成分析。

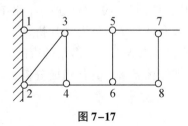

图 7-17

【解】分析体系。从右端开始依次去掉二元体578、564、342、1（5）32，最后剩下1、2两个固定铰支座固定于地基上，因此体系为无多余约束的几何不变体系。本题虽然只需要去二元体即可得解，但也需注意一点，不能先将784看作二元体去掉，因杆件56和组合结点6的存在，784在此并不是二元体。

【例7-2】对图7-18（a）所示体系进行几何组成分析。

【解】杆件部分与基础通过简支约束相连，因此可去掉基础直接分析上部体系的几何组成性质。在上部体系中很容易发现两个三角形部分CAD（E）和CBF（G），可将两者分别看作刚片Ⅰ和刚片Ⅱ。此时不难看出，刚片Ⅰ和刚片Ⅱ用一个单铰C以及一个链杆DF相连，并且链杆和单铰不共线，符合两刚片规则，如图7-18（b）所示。因此，该体系为无多余约束的几何不变体系。

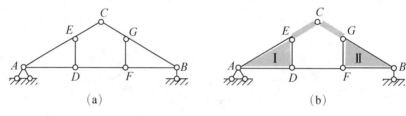

图7-18

【例7-3】对图7-19（a）所示体系进行几何组成分析。

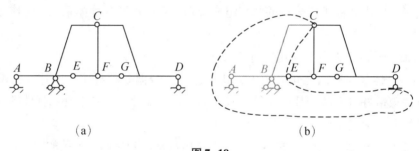

图7-19

【解】杆件部分与基础通过多个约束相连，杆件部分也较分散，无二元体可去，三刚片和两刚片规则均不易解决。此时，可以考虑从基础开始逐渐组装的方法。首先，将基础看作一个刚片，左边ABC杆件看作另一个刚片，两个刚片由A处的链杆和B处的单铰相连，根据两刚片规则扩展为一个大刚片，如图7-19（b）所示；再拼装二元体CFE，再次扩大刚片；然后将刚片CDG通过单铰C和链杆FG与大刚片拼装为一个整体；最后放上剩下的D处的一根支座链杆。因此，得出该体系为有一个多余约束的几何不变体系。

【例7-4】对图7-20（a）所示体系进行几何组成分析。

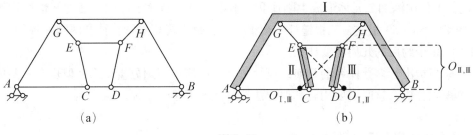

图 7-20

【解】　首先发现体系支座为简支形式，可去掉基础直接分析基础以外部分的几何组成性质；再来观察上部杆系，没有二元体可去，没有可以等效代换的扩大刚片，似乎无从下手。但仔细观察发现杆系共有九根杆组成，恰恰与三刚片用三个虚铰相连所使用的链杆数相同，因此，试着使用三刚片分散选取的方法。选取如图7-20（b）所示的三个刚片，接着观察三刚片之间的联系：刚片 I 和刚片 II 通过杆 GE 和 AC 形成的虚铰 $O_{I,II}$ 相连，刚片 I 和刚片 III 通过杆 HF 和 BD 形成的虚铰 $O_{I,III}$ 相连，刚片 II 和刚片 III 通过两个平行链杆 EF 和 CD 形成的无穷远虚铰相连。三个刚片由三个虚铰相连，其中一铰无穷远，形成无穷远虚铰的两链杆 EF 与两有限远虚铰的连线平行但三者不等长。因此，该体系为瞬变体系。

【例 7-5】　对图 7-21（a）所示体系进行几何组成分析。

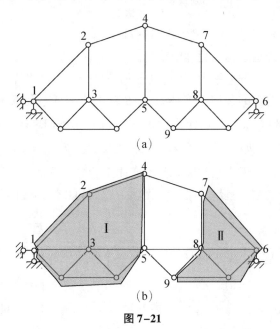

图 7-21

【解】　该体系支座为简支形式，先去掉基础直接分析基础以外部分。观察到基础以外杆系中杆件众多，且无二元体可去，此时应考虑等效代换扩大刚片的方法。先看左侧，从一个稳定的三角形123出发，可依次添加二元体形成大刚片 I ；右侧进行同样的做法，从三角形

678 出发，可依次添加二元体形成大刚片 Ⅱ。不难看出，刚片 Ⅰ 和刚片 Ⅱ 之间恰好用剩下的三根链杆 47，58，59 相连，三根链杆不交于一点，也不互相平行，符合两刚片规则。因此，该体系为无多余约束的几何不变体系。

最后应当指出，多数体系的几何组成性质都可由简单规则分析得出，但也有一些体系无法用简单规则分析，这时需要用到其他方法，对此本书不予叙述。

7.4 几何构造与静定性的关系

建筑结构中的杆件结构是由众多杆件组成的复杂体系，前面从几何构造上讨论了结构的组成规律。可以看出，在这个过程中杆件被当作了刚体，并且没有加入荷载，而这样做被证明适用于变形体在荷载作用下的几何组成分析。

在变形体中除了需要判定体系是否为几何不变以外，还需要说明体系的静定性。所谓静定性，是指体系在任意荷载作用下，全部的反力与内力是否可以根据静力平衡条件来确定。同时，静定性和体系的几何组成之间又有着必然的联系，如图 7-22 所示。

$$
体系
\begin{cases}
几何不变体系
\begin{cases}
无多余约束——静定结构 \\
有多余约束——超静定结构
\end{cases} \\
几何可变体系
\begin{cases}
常变体系 \\
瞬变体系
\end{cases}
\end{cases}
$$

图 7-22

下面简单举例说明静定结构与超静定结构。

在如图 7-23（a）所示的体系中，将 AB 杆和基础分别看作两个刚片，由 A 处单铰和 B 处链杆相连，为无多余约束的几何不变体系。AB 杆上作用任意荷载 F，此时支座处有三个未知约束反力 F_{Ax}，F_{Ay} 和 F_{By}。由力学的知识可知，此体系为简支梁，取 AB 杆为隔离体进行受力分析，如图 7-23（b）所示，其三个未知约束反力可由 $\sum F_x = 0$，$\sum F_y = 0$ 和 $\sum M_A = 0$ 三个独立的平衡方程求得。无多余约束几何不变体系的静力特征是：体系的全部反力和内力可由静力平衡方程完全确定，且解答唯一。无多余约束的几何不变体系称为静定结构。

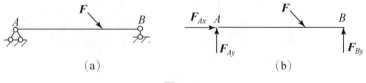

(a)　　　　　　　　　　　　　　　　(b)

图 7-23

图 7-24 所示体系为一连续梁，按以上的分析方法可以看出此连续梁为有一个多余约束的几何不变体系。在一般荷载作用下，它有四个未知约束反力 F_{Ax}，F_{Ay}，F_{By} 和 F_{Cy}。取 AB 杆为隔离体，在平面内仍只能建立三个独立的平衡方程 $\sum F_x = 0$，$\sum F_y = 0$ 和 $\sum M_A = 0$，

方程数少于未知量数，无法只用平衡方程解出所有支座反力与内力，还需要考虑其他条件。有多余约束的几何不变体系的静力特征是：体系的全部反力和内力不能由静力平衡方程完全确定。有多余约束的几何不变体系称为超静定结构。实际工程中的大多数结构都是超静定结构。

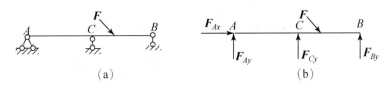

图 7-24

本章小结

本章主要介绍了几何不变体系、几何可变体系、瞬变体系、刚片、约束、自由度等概念；学习了几何不变体系的三个简单规则，并应用这三个规则分析体系的几何组成性质。

1. 基本概念

在忽略材料变形时，不发生其他变形和位移的体系，称为几何不变体系。显然，只有几何不变的体系才可以作为结构使用。几何瞬变体系、几何可变体系不能作为结构使用。

2. 三个简单规则

灵活应用平面体系的三个简单规则，分析体系的几何组成性质。

三刚片规则：三个刚片用不在同一直线上的三个单铰（包括虚铰）两两相连，组成的体系是无多余约束的几何不变体系。

两刚片规则：两个刚片用一个铰和一根不通过该铰的链杆相连，组成的体系是无多余约束的几何不变体系。两刚片规则还可表述成：两个刚片用不全平行也不全交于一点的三根链杆相连，组成的体系是无多余约束的几何不变体系。

二元体规则：在一个体系上增加或拆除二元体，不改变原体系的几何组成性质。也就是说，若原体系为几何不变体系，加减二元体后依然为几何不变体系；若原体系为几何可变体系，加减二元体后依然为几何可变体系。

3. 几何构造与静定性的关系

结构的静定性和体系的几何组成之间有着必然的联系，无多余约束的几何不变体系称为静定结构；有多余约束的几何不变体系称为超静定结构。实际工程中的大多数结构都是超静定结构。

思考题

1. 什么是刚片？
2. 什么是约束？

3. 什么是二元体？

4. 什么是单铰？

5. 二元体规则的含义是什么？

习　题

7-1~7-12　试对图7-25~图7-36所示体系进行几何组成分析。

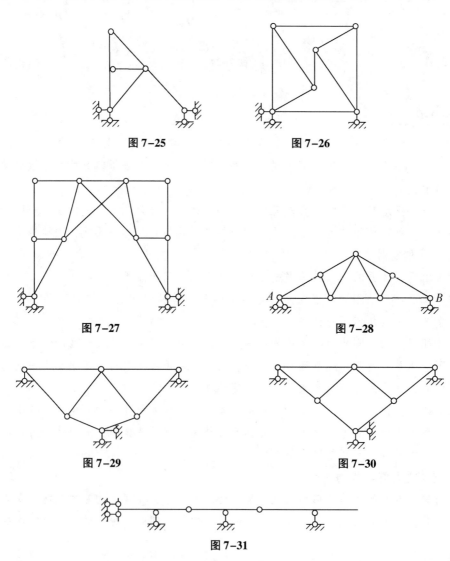

图7-25　　　　　　　图7-26

图7-27　　　　　　　图7-28

图7-29　　　　　　　图7-30

图7-31

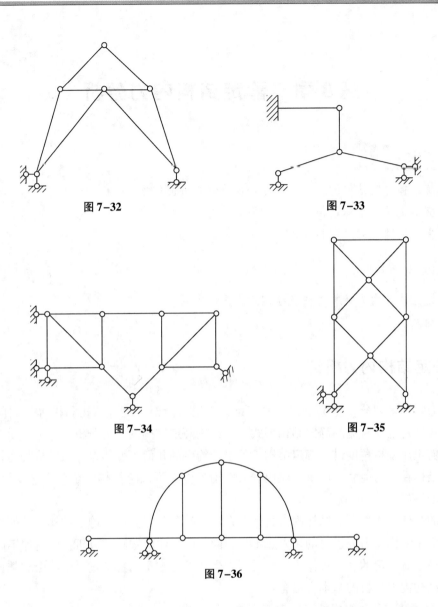

图 7-32

图 7-33

图 7-34

图 7-35

图 7-36

第8章 静定结构内力分析

┌─────────────┐
│ 学习要求 │
└─────────────┘

1. 熟练掌握静定结构的内力计算方法及绘制内力图的方法。
2. 掌握静定结构整体平衡、局部平衡的概念。
3. 掌握静定结构的力学特性。

┌─────────────┐
│ 学习重点 │
└─────────────┘

1. 静定结构的内力计算方法及绘制内力图的方法。
2. 截面法。

8.1 静定结构内力概述

从受力特性来划分，静定结构主要有梁、刚架、桁架、组合结构和拱等不同的结构形式。本章将针对上述常见的静定结构形式，来讨论静定结构的内力分析。

从几何组成分析角度讲，静定结构是无多余约束的几何不变体系；从结构静力特征角度讲，静定结构在任意荷载作用下，仅由静力平衡条件即可确定结构的全部支座反力和内力，且解答是唯一的。

体系的几何组成性质与结构内力之间存在内在的联系。同样是静定结构，几何组成形式的差异决定了结构受力分析时的切入点不尽相同，应具体问题具体分析；但看似不同的计算过程，又遵循着一定的基本规律。这些需要学生在学习本章内容的过程中体会和掌握。

静定结构内力分析的基本方法有：

（1）根据结构几何组成特点确定相应的计算方法。

（2）应用截面法，利用隔离体平衡条件计算支座反力和杆件内力。

8.1.1 静定结构按照几何组成性质分类

根据几何组成性质的不同，静定结构分为以下几种类型。

1. 两刚片型结构

两刚片型结构是指结构杆件部分与基础之间按照几何组成分析中两刚片规则组成的静定结构。其具体有以下两种形式：

（1）简支式。简支式静定结构支座约束的布置有明显的特点，结构杆件部分（刚片

Ⅰ）与基础（刚片Ⅱ）之间用一个单铰和不通过该铰的一根链杆，或者用不全平行也不全交于一点的三根链杆相连，组成了简支式静定结构，如图 8-1 所示。整个结构只有三个支座反力。一般情况下，计算简支式静定结构的内力，可以先求得结构的支座反力（或约束力）。

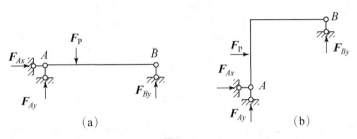

图 8-1

（2）悬臂式。悬臂式静定结构的几何组成性质与简支式静定结构类似，如图 8-2 所示。此类结构支座约束仍然只有三个，一般是固定支座。计算悬臂式静定结构内力时，可以选取不包含支座约束的刚片作为隔离体，不必先求得支座反力。

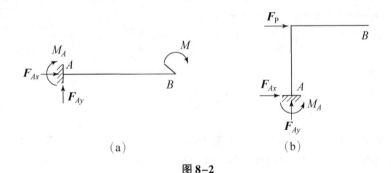

图 8-2

2. 三刚片型结构

三刚片型结构是指结构杆件部分（刚片Ⅰ、刚片Ⅱ）与基础（刚片Ⅲ）之间按照几何组成分析中三刚片规则组成的静定结构。具有代表性的三刚片型结构有三铰拱［见图 8-3（a）］、三铰刚架［见图 8-3（b）］等。此类结构支座约束的布置有明显的特点，根据三刚片规则，结构杆件部分与基础之间的约束应为两个单铰（或两个虚铰），因而整个结构有四个支座反力。简单地说，其支座约束属于"2+2"型的布置。利用整体平衡条件不能求出四个支座反力。

3. 基本附属型（主从型）结构

基本附属型结构是指由基本部分和附属部分共同组成的静定结构。

所谓基本部分（主）是指结构中独立的与基础组成几何不变的部分，能够独立承受、传递荷载的部分，如图 8-4（a）中的 ABC 部分、图 8-4（b）中的 ABC 部分。

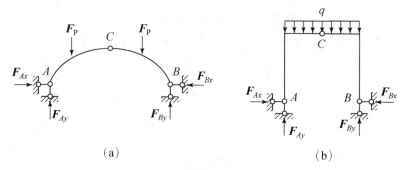

图 8-3

所谓附属部分（从）是指必须依靠基本部分才能维持其自身几何不变性、承受并传递荷载的部分，如图 8-4（a）中的 *CD* 部分、图 8-4（b）中的 *DE* 部分。

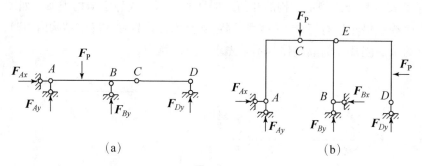

图 8-4

此类结构支座约束布置的特点是支座反力的个数大于等于四个。图 8-4（a）所示结构的支座反力为四个，其支座约束布置属于"3+1"型；图 8-4（b）所示结构的支座反力为五个，其支座约束布置属于"2+2+1"型。

4. 复杂结构

复杂结构是指利用几何组成分析的简单规则不能分析的静定结构。这类结构的计算本章不做介绍，读者可参考相关文献自学了解。

在对杆件结构进行受力分析时，一般的步骤是先求得结构的支座反力，再利用截面法分析杆件任意截面的内力。

8.1.2 内力分析方法

1. 内力分量和内力图

（1）内力分量。平面杆件任意截面上的内力一般有三个分量，即轴力 F_N、剪力 F_S 和弯矩 M，如图 8-5 所示。

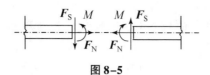

图 8-5

轴力是截面上应力沿轴线方向的合力，以拉力为正、压力为负。

剪力是截面上应力沿垂直杆件轴线方向的合力，以使所作用的隔离体顺时针转动为正、逆时针转动为负。

弯矩是截面上应力对截面形心的力矩。在结构力学部分，弯矩没有正负。

（2）杆端内力分量表示方法。在结构力学部分，杆件简化为杆件轴线，故对结构受力分析时，杆端内力分量习惯采用下述表示方法（以任意杆段 AB 为例），如图 8-6 所示。

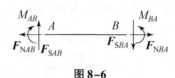

图 8-6

（3）内力图。结构的内力可通过内力图形象地表达，内力图包括轴力图、剪力图和弯矩图。绘制内力图时，轴力图和剪力图的正值可以画在杆件的任意一侧，负值则画在另外一侧，并要求注明正负号；弯矩图应画在杆件受拉一侧，没有正负号。在绘制斜杆内力图时要特别注意，内力图的纵坐标应垂直于杆件轴线。

2. 截面法

截面法是计算结构杆件指定截面内力的基本方法，其计算步骤可以简单地概括为：截断、代替、平衡。

（1）截断：在所求内力的指定截面处截断，选取任意一部分作为隔离体。

（2）代替：用相应内力代替去掉部分对隔离体的作用。

（3）平衡：利用隔离体的平衡条件，确定该截面的内力。

利用隔离体的平衡条件可得出指定截面的内力如下：

① 轴力等于该截面一侧所有外力沿杆件轴线方向投影的代数和。

② 剪力等于该截面一侧所有外力沿垂直于杆件轴线方向投影的代数和。

③ 弯矩等于该截面一侧所有外力对截面形心力矩的代数和。

在应用截面法时应注意：

（1）要截断所有约束，代之以约束力，不能遗漏外力（荷载、约束力）。

（2）为简便计算，宜选择外力较少的部分为隔离体。

（3）未知力一般设为正方向，若计算结果为正，表明实际内力与假设方向相同；若计算结果为负，表明实际内力与假设方向相反。

3. 荷载与内力之间的微分关系

第 5 章已学过，直杆中分布荷载 $q(s)$、剪力 F_S、弯矩 M 三者之间，存在如下的微分关系：

$$\begin{cases} \dfrac{\mathrm{d}F_S}{\mathrm{d}s} = -q(s) \\[2mm] \dfrac{\mathrm{d}M}{\mathrm{d}s} = F_S \\[2mm] \dfrac{\mathrm{d}^2 M}{\mathrm{d}s^2} = -q(s) \end{cases} \tag{8-1}$$

对水平杆件，s 以向右为正，$q(s)$ 以向下为正，M 以使水平杆件下侧受拉为正。

由以上各微分关系可知杆段内力图的一般特征，详见表 8-1。

表 8-1 剪力图与弯矩图的形状特征

截面位置	F_S 图	M 图	说明
无荷载区段	水平线	一般为斜线	剪力为零，M 图平行于杆件轴线
分布荷载 q 作用区段	斜直线	抛物线	剪力等于零处，弯矩达到极值
集中力 F_P 作用处	突变	转折	剪力如变号，弯矩出现极值
集中力偶矩 M 作用处	无变化	突变	

4. 叠加法作弯矩图

（1）叠加原理。叠加原理是结构分析中常用的原理之一，其表述为：结构中由一组荷载共同作用产生的效应（反力、内力、变形、位移等）等于该组每一个荷载单独作用所产生效应的代数和。叠加原理适用于小变形线弹性结构。

（2）作弯矩图。利用叠加原理作弯矩图的方法称为叠加法，这种方法适用于梁、刚架等直杆结构。叠加法作弯矩图可以应用于直杆的任意区段。

① 叠加法作简支梁弯矩图。如图 8-7（a）所示简支梁同时承受三个荷载作用：两端力偶矩 M_A，M_B 和跨内分布荷载 q。利用已掌握的方法可以作出每一荷载单独作用于简支梁的弯矩图，如图 8-7（b）、图 8-7（c）、图 8-7（d）所示。利用叠加原理，先确定简支梁两端弯矩值，将其以虚线相连，称为基线，如图 8-7（e）所示；在图 8-7（e）的基础上，以基线为基础，再与图 8-7（d）进行叠加，从而得到最后的简支梁弯矩图，如图 8-7（f）所示。

需要注意的是：弯矩图叠加是对应的弯矩纵标相加，而不是图形的简单拼合，故在基线上叠加的弯矩图的纵标一定要垂直于杆件轴线，而不是基线。

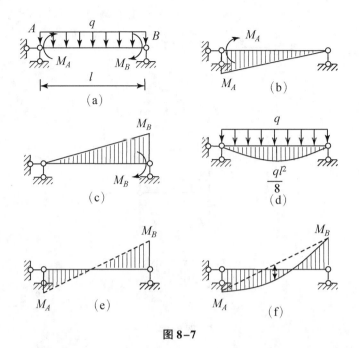

图 8-7

② 分段叠加法作弯矩图。如果已知直杆上某一区段两端（称为控制截面）的弯矩和区段内荷载，就可以用作简支梁弯矩图的叠加法作出该区段的弯矩图，这种方法称为分段叠加法。

分段叠加法作弯矩图的一般步骤如下：

a. 将结构分成若干直杆段，直杆段两端为控制截面。控制截面一般选在支座处、自由端、杆件交汇处、分布荷载起止点等位置。

b. 利用截面法求得控制截面弯矩值，即各杆段的杆端弯矩值。

c. 画线连接各杆段杆端弯矩值，得到各杆段基线。

d. 有横向（垂直于杆件轴线方向）荷载作用的区段，在基线基础上叠加以该段长度为跨度的简支梁在相同跨内荷载作用下（称为相应简支梁）的弯矩图，以得到该段最后的弯矩图；无横向荷载作用的区段，将基线连成实线可得该段最后的弯矩图。

作如图 8-8 (a) 所示梁中 DE 段的弯矩图时，先求得 D，E 两处的弯矩值 ［见图 8-8 (b)］，将两端弯矩值以虚线相连得到基线，在此基础上，叠加相应简支梁在相同荷载作用下的弯矩图 ［见图 8-8 (c)］，得到 DE 段的弯矩图如图 8-8 (d) 所示。

使用叠加法作弯矩图是结构计算的基础，须熟练掌握并灵活应用。

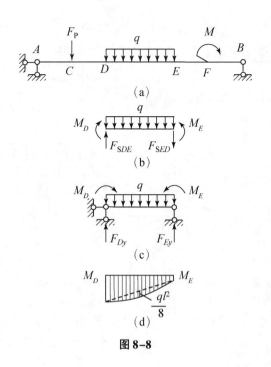

图 8-8

8.2 静定多跨梁

8.2.1 静定多跨梁的特点

静定多跨梁是由基本部分和附属部分组成的基本附属型静定结构。图 8-9 所示结构就是静定多跨梁的组成形式。

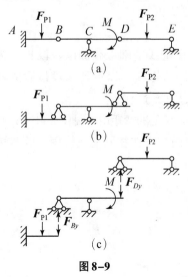

图 8-9

图 8-9 (a) 所示的多跨梁中，AB 与基础刚结是基本部分；BD 杆件通过铰 B 和 C 处支座链杆与基本部分相连，BD 是第一层附属部分；DE 杆件通过铰 D 和 E 处支座链杆与 AD 相连，故 DE 是第二层附属部分。

上述多跨梁的几何组成性质可用图 8-9 (b) 来表示，这种图形称为层次图。通过层次图可以清楚地反映荷载的传递路径。作用在最上层附属部分 DE 上的荷载 F_{P2} 不但使 DE 受力，还通过结点 D 将荷载传递到 BD，进而通过结点 B 传递到 AB。荷载 M 能使 BD 和 AB 受力，但不会上传到 DE，即荷载 M 对 DE 的内力无影响。同理，作用在基本部分 AB 上的荷载 F_{P1} 只会使 AB 部分产生内力，对附属部分 BD 和 DE 的内力都不会产生影响。

综上，作用在附属部分上的荷载将使基本部分产生内力，而作用在基本部分上的荷载则对附属部分没有影响。也就是说，荷载只向层次图中的下层传递，这也是基本附属型结构的受力特点。

计算多跨梁时遵循"先附属，后基本"的原则，按照几何组成的相反顺序（层次图从上到下）求解。每一步都转化为单跨梁的计算问题，如图 8-9（c）所示，用前节介绍的方法即可解决。

8.2.2　静定多跨梁受力分析

以图 8-10（a）所示多跨梁为例，分析静定多跨梁的受力特点。

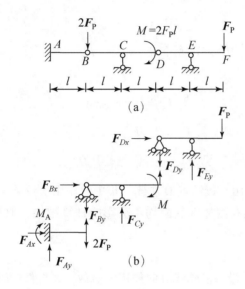

(a)

(b)

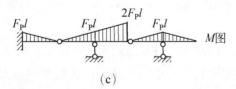

(c)

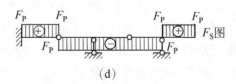

(d)

图 8-10

图 8-10（a）所示静定多跨梁是典型的基本附属型结构，按照"先附属，后基本"的顺序

求解，根据层次图 8-10（b）确定计算顺序为 $DF \rightarrow BD \rightarrow AB$。选取隔离体如图 8-10（b）所示。

（1）计算 DF 段。

$$\sum F_x = 0 \quad F_{Dx} = 0$$

$$\sum M_D = 0 \quad F_{Ey} = 2F_P(\uparrow)$$

$$\sum M_E = 0(或 \sum F_y = 0) \quad F_{Dy} = F_P(\downarrow)$$

（2）计算 BD 段。

$$\sum F_x = 0 \quad F_{Bx} = 0$$

$$\sum M_B = 0 \quad F_{Cy} = 0$$

$$\sum M_C = 0(或 \sum F_y = 0) \quad F_{By} = F_P(\downarrow)$$

（3）计算 AB 段。

$$\sum F_x = 0 \quad F_{Ax} = 0$$

$$\sum F_y = 0 \quad F_{Ay} = F_P(\uparrow)$$

$$\sum M_A = 0 \quad M_A = -F_P l(\curvearrowleft)$$

本例中，集中力偶矩作用于铰结点 D 左侧，集中力作用于铰结点 B。在计算过程中，将集中力置于铰结点 B 左侧或右侧邻近截面均不会影响计算结果，但集中力偶矩的作用位置不能任意改变。

（4）作内力图。

① 轴力图。在结构中，没有沿轴线方向作用的荷载，各杆件的轴力为零。

② 弯矩图。依次绘出 DF，BD，AB 段弯矩图，即为结构最后的弯矩图，如图 8-10（c）所示。

③ 剪力图。AB，BC，CD，DE，EF 段均无荷载作用，$\boldsymbol{F}_S$ 为常数，F_S 图为水平线。从 A 端开始，依次在 F_S 图上确定 A，B，C，D，E，F 各截面的剪力值，连线成最后的剪力图，并注明正负号，如图 8-10（d）所示。

（5）快速作弯矩图。利用荷载与内力之间的微分关系、弯矩图一般特征、基本附属型结构受力特点和叠加原理可以快速绘出图 8-10（a）所示结构的弯矩图。

① 判定结构为基本附属型结构，确定其计算顺序应为 $DF \rightarrow BD \rightarrow AB$。

② EF 为悬臂段，可以直接作出弯矩图，确定 $M_E = F_P l$，上侧受拉；D 为铰结点，$M_{DE} = 0$，完成 DF 段弯矩图。

③ $M_{DC} = M = 2F_P l$，上侧受拉。CD 段和 DE 段内无荷载作用，弯矩图应为直线段。铰结点 D 处无竖向荷载作用，在其左右两侧，即 CD 段和 DE 段的剪力相等，根据弯矩和剪力之间的微分关系，CD 段和 DE 段弯矩图应平行；可确定 $M_C = F_P l$，上侧受拉。铰结点 D 处两侧

截面弯矩均为零，从而得到 BC 段弯矩图。值得注意的是，在分别绘出 BC 段和 CD 段弯矩图后可以发现，BD 段范围内弯矩图为一条直线段，可以判定 $F_{Cy}=0$；否则根据弯矩图一般特征，弯矩图应在 C 截面处出现转折。

④ 得出 $M_{BA}=0$，且 AB 段内弯矩图为直线。在未求出附属部分支座反力情况下，不能通过计算确定 M_{AB} 的值，应用叠加原理完成。若结点 B 处无集中力作用，则可以按照类似 CD 段弯矩图的画法确定 $M_{AB_1}=F_{\mathrm{p}}l$，下侧受拉；再考虑当集中荷载 $2F_{\mathrm{p}}$ 单独作用在整个结构上时，只有基本部分 AB 受力，且 $M_{AB_2}=2F_{\mathrm{p}}l$，上侧受拉。根据叠加原理，可以确定 $M_{AB}=F_{\mathrm{p}}l$，上侧受拉，从而完成 AB 段弯矩图。

8.3　静定平面刚架

刚架一般是由直杆（如梁、柱等）组成，结点全部或部分为刚结点的结构。当组成刚架的各杆轴线和外力都在同一平面时，称为平面刚架。本节研究的是静定平面刚架。

刚架结构具有构件少，内部空间大，施工、使用方便等特点，其广泛应用于房屋建筑结构中。实际工程中的刚架往往是超静定结构，如现浇钢筋混凝土框架结构等。分析静定平面刚架的受力情况主要是为后续超静定刚架计算做准备。

8.3.1　刚架的特点

常见的静定平面刚架有简支刚架［见图 8-11（a）］、悬臂刚架［见图 8-11（b）］、三铰刚架［见图 8-11（c）］和复杂刚架等形式；从几何组成性质角度，它们又是两刚片型结构［见图 8-11（a）、图 8-11（b）］、三刚片型结构［见图 8-11（c）］和基本附属型结构［见图 8-11（d）］。

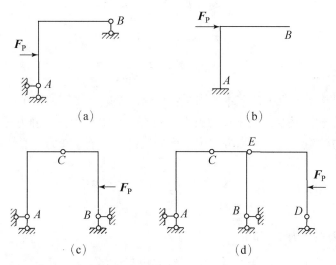

（a）　　　　　　　　　　　　　（b）

（c）　　　　　　　　　　　　　（d）

图 8-11

刚架中有刚结点，刚结点处各杆不能发生相对转动，因而刚结点处各杆件的夹角始终保持不变。刚结点可以承受和传递弯矩。

刚架的计算以单根杆件受力分析为基础，分析过程如下：

（1）计算支座反力。

（2）将刚架离散成若干根杆件，利用截面法逐段、逐杆计算并画出内力图。

（3）将各杆件内力图合在一起得到整个刚架的内力图。

在刚架的计算过程中应分析结构受力特点，对于某些刚架也可以不计算支座反力，直接画出内力图。

8.3.2 刚架支座反力的计算

刚架支座反力的计算仍然与其几何组成性质密切相关。计算刚架支座反力的一般步骤如下：

（1）根据刚架的几何组成方式，确定支座反力的性质和求解顺序。

（2）假设支座反力方向，按顺序利用平衡条件求解。

【例 8-1】计算如图 8-12 所示刚架的支座反力。

【解】图中刚架为简支刚架，是两刚片型结构，有三个支座反力。

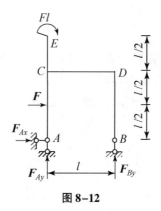

图 8-12

计算简支式结构支座反力的基本原则是：切断两个刚片之间的三个约束，取其中一个刚片为隔离体。因为未知反力（或未知约束力）只有三个，利用三个静力平衡方程即可求解。

计算过程中应注意：一个平衡方程中尽可能只包含一个未知力，避免联立方程组求解带来的不便。

（1）求水平未知支座反力。

$$\sum F_x = 0 \quad F_{Ax} = -F(\leftarrow)$$

（2）求竖向未知反力 F_{Ay} 和 F_{By}。

$$\sum M_B = 0 \quad F_{Ay} \cdot l + F \cdot \frac{l}{2} + Fl = 0, \quad F_{Ay} = -\frac{3}{2}F(\downarrow)$$

$$\sum M_A = 0 \quad F_{By} \cdot l = F \cdot \frac{l}{2} + Fl, \quad F_{By} = \frac{3}{2}F(\uparrow)$$

或

$$\sum F_y = 0 \quad F_{By} = \frac{3}{2}F(\uparrow)$$

【例 8-2】计算如图 8-13（a）所示三铰刚架的支座反力。

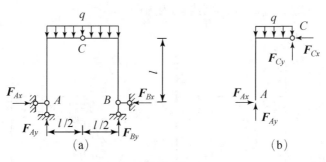

图 8-13

【解】图中三铰刚架是三刚片型结构，有四个支座反力，需利用整体平衡和局部平衡求解。

（1）整体平衡。

根据支座约束布置特点，通过整体平衡可以直接求得 F_{Ay} 和 F_{By}，并建立其余两个未知支座反力的关系。

$$\sum M_A = 0 \quad F_{By} \cdot l - \frac{1}{2}ql^2 = 0, F_{By} = \frac{1}{2}ql(\uparrow)$$

$$\sum M_B = 0 \quad F_{Ay} \cdot l - \frac{1}{2}ql^2 = 0, F_{Ay} = \frac{1}{2}ql(\uparrow)$$

$$\sum F_x = 0 \quad F_{Ax} = F_{Bx} \tag{1}$$

（2）局部平衡。

切断结构两个刚片 AC 和 BC 之间的全部约束，选择 AC（或 BC）为隔离体，研究局部平衡，如图 8-13（b）所示。对铰结点 C 取矩，计算支座反力 F_{Ax}。

分析 AC 部分

$$\sum M_C = 0 \quad F_{Ax} \cdot l + q \cdot \frac{l}{2} \cdot \frac{l}{4} = F_{Ay} \cdot \frac{l}{2}, \quad F_{Ax} = \frac{1}{8}ql(\rightarrow) \tag{2}$$

由式（1）得到

$$F_{Bx} = \frac{1}{8}ql(\leftarrow)$$

也可以先分析 BC 部分，最终结果相同。

157

8.3.3 刚架的内力计算与内力图绘制

与静定梁内力计算以及绘图方法相同，刚架的内力计算也采用逐杆计算、分段绘图的方法。

刚架内力图的画法与梁类似，弯矩图应画在杆件的受拉侧，没有正负号；剪力图和轴力图的正值可画在杆件的任意一侧，负值画在另一侧，应注明正负号，符号的规定与梁相同。

【例 8-3】作如图 8-14（a）所示刚架的内力图。

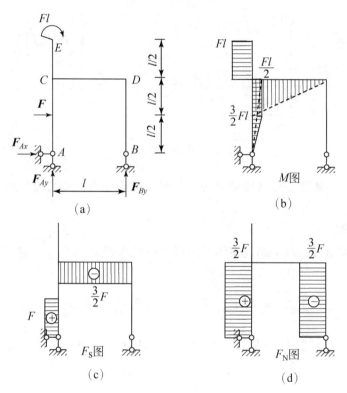

图 8-14

【解】图中刚架为简支刚架。

（1）求支座反力，详细过程见【例 8-1】。

$$F_{Ax} = -F \ (\leftarrow), \ F_{Ay} = -\frac{3}{2}F \ (\downarrow), \ F_{By} = \frac{3}{2}F \ (\uparrow)$$

（2）求杆端内力。取支座截面 A，B，E 和刚结点 C，D 处的截面为控制截面，可利用截面法求内力。

AC 杆：
$$F_{NCA} = F_{NAC} = \frac{3}{2}F \ （拉力），\ F_{SCA} = F_{SAC} = 0$$

$$M_{CA} = \frac{Fl}{2} \ （右侧受拉），\ M_{AC} = 0$$

CE 杆：
$$F_{NCE}=F_{NEC}=0,\ F_{SCE}=F_{SEC}=0$$
$$M_{CE}=M_{EC}=Fl\ (左侧受拉)$$

CD 杆：
$$F_{NCD}=F_{NDC}=0,\ F_{SCD}=-\frac{3}{2}F$$

$$M_{CD}=\frac{3Fl}{2}\ (下侧受拉),\ M_{DC}=0$$

DB 杆：
$$F_{NDB}=F_{NBD}=-\frac{3}{2}F\ (压力),\ F_{SDB}-F_{SBD}\,0$$

$$M_{DB}=M_{BD}=0$$

（3）作内力图。根据所求杆端内力，分别作出弯矩图〔见图 8-14 （b）〕、剪力图〔见图 8-14 （c）〕和轴力图〔见图 8-14 （d）〕。

（4）校核。截取刚架的任意部分校核是否满足平衡条件。例如，利用刚结点 C，D 的平衡条件校核所求截面内力。

（5）BD 段、CE 段和 CD 段杆件无荷载作用，弯矩图为直线；BD 杆在 B 端只受到轴线方向的约束，杆段内无荷载作用，故只有轴力，剪力、弯矩均为零，这样的杆件称为无剪力杆。

（6）快速作弯矩图。无论结构有多么复杂，先作出所有悬臂杆件的弯矩图，如本例中的 CE 段。注意到 BD 为无剪力杆，弯矩图应平行于杆件轴线；且易知 $M_B=0$，即可画出 BD 段的弯矩图。利用单刚结点弯矩平衡（大小相等，同侧受拉）得到 $M_{DC}=0$。

【例 8-4】 作如图 8-15 （a）所示刚架的弯矩图。

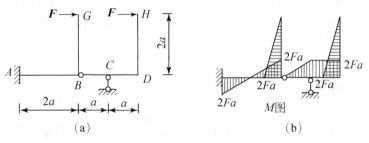

图 8-15

【解】 图中刚架为基本附属型结构，按照"先附属，后基本"的顺序求解，即先分析附属部分 BDH，再分析基本部分 ABG。略去一般的计算过程，现以此例讨论不求或者少求支座反力，快速绘制弯矩图的方法。

（1）结构中悬臂杆段的弯矩图可以直接绘出，则从图 8-15 （a）所示刚架可以直接画出 BG 段和 DH 段的弯矩图。

（2）分析附属部分 BDH。

① DH 段弯矩图已经得到，利用单刚结点 D 弯矩平衡，M_{DH} 和 M_{DC} 应"大小相等，同侧

受拉"，由此 $M_{DC}=2Fa$，上侧受拉。

② 分析 CD 段。CD 段内无荷载作用，弯矩图应为直线段，且 CD 段剪力为零，故 CD 段弯矩为常量，由此画出 CD 段弯矩图。

③ 分析 BC 段。BC 段内无荷载作用，弯矩图应为直线段。B 处为铰结点，$M_{BC}=0$；又有 $M_{CD}=2Fa$，即可画出此段弯矩图。

（3）分析基本部分 ABG。

① BG 段弯矩图已经得到，利用单刚结点 B 弯矩平衡，M_{BG} 和 M_{BA} 应"大小相等，同侧受拉"，由此 $M_{BA}=2Fa$，上侧受拉。

② 分析 AB 段。AB 段内无荷载作用，弯矩图应为直线段，且可分析出 AB 段和 BC 段的剪力相等，由此 AB 段弯矩图应与 BC 段的弯矩图平行，由此画出 AB 段弯矩图。

（4）以上分析、绘制弯矩图过程中没有计算任何支座反力，反复利用的就是荷载与内力之间的微分关系。最终，刚架的弯矩图如图 8-15（b）所示。

根据已学的力学基本概念，利用刚架内力与荷载、约束之间的对应关系，可以减少内力图绘制时经常出现的错误。绘制平面刚架弯矩图时，应注意以下问题：

（1）弯矩图形状是否与作用的荷载相符。均布荷载作用，弯矩图为抛物线；集中力（包括荷载和支座反力）作用处，弯矩图出现转折；力偶矩作用处弯矩图发生突变，且力偶矩作用处左右两段弯矩图应平行。

（2）弯矩图形状是否与结点性质、约束情况相符。铰结点、铰支座、自由端无集中力偶矩作用时，其对应截面弯矩为零。

（3）刚结点是否满足平衡条件。单刚结点无集中力矩作用时，结点处两个杆端截面弯矩应"大小相等，同侧受拉"。有集中力偶矩作用的单刚结点或复刚结点（无论是否作用有结点集中力偶矩）则必须满足结点平衡条件。

8.4 静定平面桁架

桁架是由若干链杆（两端铰结的直杆）组成的、只承受结点荷载的结构体系。当组成桁架的各杆件轴线和结点力都在同一平面时，称为平面桁架。本节研究的是静定平面桁架。

桁架结构在工程中应用广泛，常用钢材、钢筋混凝土、木材等材料制作，可在房屋建筑、桥梁、水工结构中使用，是大跨度结构常用的结构形式之一。

8.4.1 桁架的特点和分类

1. 桁架的特点

实际工程中的桁架受力情况比较复杂，在确定桁架结构计算简图时做出如下假设：

（1）所有铰结点都是光滑无摩擦的理想铰结点。

（2）各杆件都是直杆，且杆件轴线位于同一平面内并通过铰结点的中心。

（3）荷载和支座反力都作用在结点上并位于桁架平面内。

上述假设反映了桁架的主要力学性能，称为理想桁架。而实际桁架与理想桁架之间的差别主要有以下几个方面：

（1）结点的刚性。除木制桁架结点较为接近铰结点外，钢桁架中结点的焊接、栓接、铆接和钢筋混凝土桁架中的现浇结点都具有一定的刚性，与铰结点并不完全相同。

（2）杆件轴线不一定为绝对直线，结点上各杆件的轴线也不完全在同一平面内且交于一点，桁架的制造、装配过程不可避免地会使杆件出现弯曲、偏心等误差。

（3）非结点荷载作用。桁架承受的荷载并非都是结点荷载，杆件自重、风荷载等作用均为非结点荷载。

（4）桁架的空间作用。平面桁架是由空间桁架简化得到的，实际桁架属于空间结构。

虽然实际桁架与理想桁架存在差异，但经过计算分析、模型试验和工程实践表明，对于由细长杆件组成的桁架，在结点荷载作用下，上述差异对计算结果的影响是次要的，可以忽略不计。

以理想平面桁架为计算简图得到的桁架杆件内力称为主内力，由于实际情况与理想平面桁架假设不符而产生的杆件内力称为次内力。本节只讨论理想平面桁架主内力的计算。

理想桁架中的杆件只在杆端承受结点力的作用，一根桁架杆件在杆端两个力作用下达到平衡，这两个力必然满足二力平衡条件，即大小相等、方向相反、作用在同一直线（杆件轴线）上。因此，桁架杆件只产生轴力。

2. 桁架的组成和分类

根据所处位置，桁架中的杆件可以分为弦杆和腹杆，如图 8-16 所示。弦杆是指位于桁架上下边缘的杆件，包括上弦杆和下弦杆。上下弦杆之间的杆件称为腹杆，包括竖杆和斜杆。

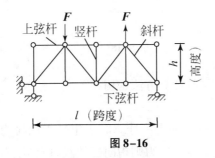

图 8-16

静定平面桁架可以根据不同的特征进行分类。

（1）根据外形分类。根据桁架的外形，其可以分为平行弦桁架 [见图 8-17（a）]、三角形桁架 [见图 8-17（b）]、梯形桁架 [见图 8-17（c）] 和折弦形桁架 [见图 8-17（d）] 等。

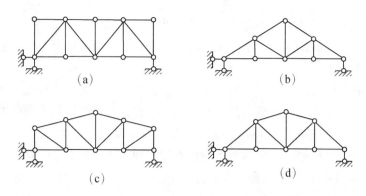

图 8-17

（2）根据几何组成方式分类。

① 简单桁架：是由一个最基本的几何不变部分——铰结三角形开始，逐个增加二元体所组成的桁架，如图 8-18（a）所示。

② 联合桁架：是由两个或几个简单桁架按几何不变体系组成规则联合组成的桁架，如图 8-18（b）所示。

③ 复杂桁架：不属于前两种的桁架，如图 8-18（c）所示。

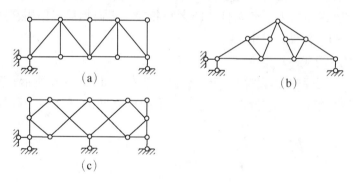

图 8-18

桁架的几何组成方式与所使用的计算方法密切相关。

3. 桁架的内力

（1）符号规定。桁架杆件只产生轴力。计算时规定轴力以拉力为正，压力为负。用箭头表示时，拉力背离杆件截面或结点，压力则指向杆件截面或结点。

（2）结点平衡的特殊情况。在桁架计算过程中，经常遇到一些特定的杆件布置和结点，掌握这些结点的平衡规律，会给计算带来很大的方便。

① X 形结点。四根杆件汇交的结点上无荷载作用时，若其中两根在一条直线上，另外两根在另一直线上，则共线的两根杆件内力相等且性质相同。如图 8-19（a）所示，有 $F_{N1} = F_{N2}$，$F_{N3} = F_{N4}$。

② T 形结点。三根杆件汇交的结点上无荷载作用时，若其中两根在一条直线上，则这两根杆件内力相等且性质相同，而第三根杆件内力必为零，称为零杆，如图 8-19（b）所示。

③ L 形结点。两根不共线杆件汇交的结点上无荷载作用时，这两根杆件都是零杆，如图 8-19（c）所示，即 $F_{N1}=F_{N2}=0$。

④ K 形结点。四根杆件交于一点，若其中两根在一条直线上，另外两根对称分布于这条直线的同一侧，则有 $F_{N3}=-F_{N4}$，如图 8-19（d）所示。

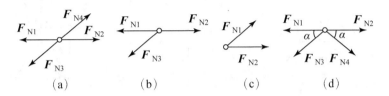

（a）　　　　　（b）　　　　　（c）　　　　　（d）

图 8-19

需要说明的是，零杆是桁架在特定荷载作用下产生的，当作用的荷载发生变化时，其内力可能不再为零。

（3）计算方法。桁架内力的计算方法主要有结点法、截面法、联合法（结点法和截面法联合应用）。

8.4.2　桁架的内力计算

计算桁架内力时，应根据桁架的几何组成方式，灵活选用计算方法。

1. 结点法

结点法是截取桁架的某一个结点为隔离体，计算桁架内力的方法。由于结点上的荷载、反力和杆件内力的作用线都汇交于该结点，组成的是平面汇交力系。因此，结点法是利用平面汇交力系的平衡条件 $\left(\sum F_x=0,\ \sum F_y=0\right)$ 来求解杆件内力的。在计算中，未知杆件的轴力一般假设为拉力。

理论上，任何形式的静定桁架都可利用结点法求解。因为只有两个平衡条件，在计算中为避免联立方程组求解带来的不便，每次所截取的结点上未知力的数目不宜超过两个。

由于简单桁架的几何组成顺序是由一个基本的铰结三角形开始依次增加二元体形成的，其最后一个结点只包含两根杆件。因此，当需要求解简单桁架全部杆件内力时，用结点法按其几何组成的相反顺序进行求解。

【例 8-5】计算如图 8-20（a）所示桁架的内力。

【解】图中桁架在进行内力计算时，不需事先求得支座反力。本例题以结点 A 和 B 的平衡条件校核计算结果，故先计算支座反力。

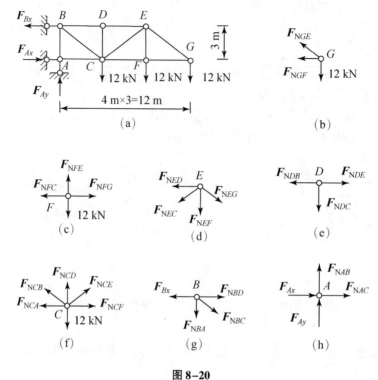

图 8-20

（1）求支座反力。

利用整体平衡条件可得：

$$F_{Ax} = 96 \text{ kN}(\rightarrow), \quad F_{Ay} = 36 \text{ kN}(\uparrow), \quad F_{Bx} = 96 \text{ kN}(\leftarrow)$$

（2）求杆件内力。图中桁架是以铰结三角形 ABC 为基础的，依次添加二元体组成的简单桁架，可以利用结点法求解。分析结构的几何组成顺序为：$A \rightarrow B \rightarrow C \rightarrow D \rightarrow E \rightarrow F \rightarrow G$，按照该几何组成的相反顺序确定杆件内力计算顺序为：$G \rightarrow F \rightarrow E \rightarrow D \rightarrow C \rightarrow B \rightarrow A$。

① 结点 G：取结点 G 为隔离体，如图 8-20（b）所示，分析受力情况。把未知力 F_{NGF} 和 F_{NGE} 设为拉力（背离结点）。

$$\sum F_y = 0 \quad F_{NGE} = 20 \text{ kN}(拉力)$$

$$\sum F_x = 0 \quad F_{NGF} = -16 \text{ kN}(压力)$$

② 结点 F：取结点 F 为隔离体，如图 8-20（c）所示，分析受力情况。把未知力 F_{NFC} 和 F_{NFE} 设为拉力（背离结点）。

$$\sum F_y = 0 \quad F_{NFE} = 12 \text{ kN}(拉力)$$

$$\sum F_x = 0 \quad F_{NFC} = F_{NFG} = -16 \text{ kN}(压力)$$

结点 F 的可视为 X 形结点，利用 X 形结点平衡规律可以求得 F_{NFC} 和 F_{NFE}。

③ 结点 E：取结点 E 为隔离体，如图 8-20（d）所示，分析受力情况。把未知力 $\boldsymbol{F}_{NED}$ 和 $\boldsymbol{F}_{NEC}$ 设为拉力（背离结点）。

$$\sum F_y = 0 \quad F_{NEC} = -40 \text{ kN（压力）}$$

$$\sum F_x = 0 \quad F_{NED} = 48 \text{ kN（拉力）}$$

④ 结点 D：取结点 D 为隔离体，如图 8-20（e）所示，分析受力情况。把未知力 $\boldsymbol{F}_{NDC}$ 和 $\boldsymbol{F}_{NDB}$ 设为拉力（背离结点）。

$$\sum F_y = 0 \quad F_{NDC} = 0$$

$$\sum F_x = 0 \quad F_{NDB} = F_{NDE} = 48 \text{ kN（拉力）}$$

结点 D 的可视为 T 形结点，利用 T 形结点平衡规律可以求得 F_{NDC} 和 F_{NDB}。

⑤ 结点 C：取结点 C 为隔离体，如图 8-20（f）所示，分析受力情况。把未知力 $\boldsymbol{F}_{NCB}$ 和 $\boldsymbol{F}_{NCA}$ 设为拉力（背离结点）。

$$\sum F_y = 0 \quad F_{NCB} = 60 \text{ kN（拉力）}$$

$$\sum F_x = 0 \quad F_{NCA} = -96 \text{ kN（压力）}$$

⑥ 结点 B：取结点 B 为隔离体，如图 8-20（g）所示，分析受力情况。把未知力 $\boldsymbol{F}_{NBA}$ 设为拉力（背离结点）。

$$\sum F_y = 0 \quad F_{NBA} = -36 \text{ kN（压力）}$$

已求得桁架中全部杆件的内力。

（3）校核。利用结点 B 和 A 的平衡条件校核计算结果。分别取结点 B 和 A 为隔离体，如图 8-20（g）、图 8-20（h）所示，分析受力情况。

结点 B：

$$\sum F_x = 0 \quad F_{Bx} = 96 \text{ kN（←）}$$

结点 A：

$$\sum F_y = 0 \quad F_{Ay} = 36 \text{ kN（↑）}$$

$$\sum F_x = 0 \quad F_{Ax} = 96 \text{ kN（→）}$$

与前面求得的支座反力一致，计算结果正确。

（4）绘制桁架轴力图，将每根杆件的轴力标注于相应杆件旁边，如图 8-21 所示。

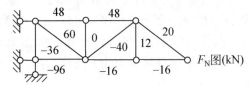

图 8-21

2. 截面法

截面法是用截面截取桁架的一部分为隔离体，利用平面力系的三个平衡条件求解杆件内力的方法。

截面法适用于求解简单桁架和联合桁架中指定杆件的轴力，所取隔离体上未知力数目一般不宜超过三个。在计算中，杆件轴力一般设为拉力。

【**例 8-6**】计算如图 8-22（a）所示桁架中杆件 *DF*，*DE*，*CE*，*GI*，*GH* 和 *EH* 的轴力。

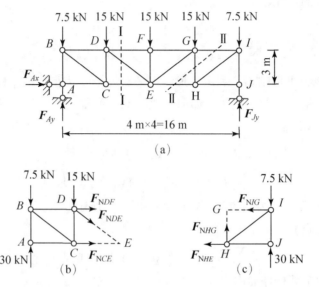

图 8-22

【**解**】图中桁架为简支式，在进行内力计算时，可以先求得支座反力。图中桁架是以铰结三角形 *ABC* 为基础依次增加二元体组成的简单桁架，可利用结点法求解所有杆件的轴力。因为只需计算桁架中部分指定杆件的轴力，故采用截面法计算更为简单。

（1）求支座反力。

利用整体平衡条件可得：

$$F_{Ax}=0, \quad F_{Ay}=30 \text{ kN}(\uparrow), \quad F_{Jy}=30 \text{ kN}(\uparrow)$$

（2）求指定杆件轴力。

① 作截面 I-I，截断杆件 *DF*，*DE*，*CE*，取截面左侧部分为隔离体，如图 8-22（b）所示。隔离体有三个未知力 F_{NDF}，F_{NDE}，F_{NCE}，均设为拉力（背离结点）。根据三个未知力的方向，适当选择平衡方程，使得每一个平衡方程只包含一个未知力。

被截断的杆件除 *DE* 外，*DF*，*CE* 两杆件平行，此时用垂直于 *DF*（*CE*）方向的投影方程求解比较适宜，这种用投影方程求解杆件轴力的方法称为投影法。

$$\sum F_y = 0 \quad F_{NDEy}=7.5 \text{ kN}, \quad F_{NDE}=12.5 \text{ kN}(拉力)$$

求解杆件 *DF*（*CE*）的轴力时，则用对 *DE* 与 *CE*（*DF*）交点取矩的方法，避免联立方程组求解，这种用力矩方程求解杆件轴力的方法称为力矩法。

$$\sum M_E = 0 \quad F_{NDF} = -40 \text{ kN（压力）}$$

$$\sum M_D = 0 \quad F_{NCE} = 30 \text{ kN（拉力）}$$

② 作截面 II - II，截断杆件 GI，GH，EH，取截面右侧部分为隔离体，如图 8-22（c）所示。隔离体有三个未知力 F_{NIG}，F_{NHG}，F_{NHE}，均设为拉力（背离结点）。采用求解 F_{NDF}，F_{NDE} 和 F_{NCE} 类似的方法计算。

用投影法计算 F_{NHG}

$$\sum F_y = 0 \quad F_{NHG} = -22.5 \text{ kN（压力）}$$

用力矩法计算 F_{NIG}，F_{NHE}

$$\sum M_H = 0 \quad F_{NIG} = -30 \text{ kN（压力）}$$

$$\sum M_G = 0 \quad F_{NHE} = 30 \text{ kN（拉力）}$$

（3）求解其余杆件轴力也可采用类似的计算方法。分析桁架各杆件轴力可以发现，简支桁架内力与竖向荷载作用下简支梁相似，上弦受压，下弦受拉。

如图 8-23（a）所示的联合桁架，整体属于简支式结构，可先求得支座反力；用截面法将杆件部分两个简单桁架之间的约束截断，利用结点法或截面法对各简单桁架进行分析。又如图 8-23（b）所示的桁架，可以确定是简支式结构，支座反力容易求得，计算杆件轴力的关键在于如何截断桁架杆件。通过几何组成分析可知，桁架杆件部分是由两个简单桁架 AEG 和 BDC 通过两刚片规则组成的联合桁架。解决此类问题的关键就是用截面切断两刚片之间的三个约束，即图 8-23（b）中所示封闭虚线截面。

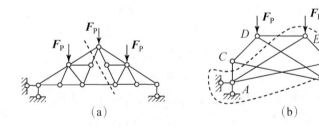

（a）　　　　　　　　　　（b）

图 8-23

3. 联合法

结点法、截面法都是计算桁架杆件轴力的基本方法，但在分析一些复杂桁架时，需要联合应用这两种方法。

【例 8-7】 计算如图 8-24（a）所示桁架指定杆件的轴力。

【解】 图中桁架属于简支式结构，可先求得支座反力。计算桁架中指定杆件的轴力，可用截面法计算。

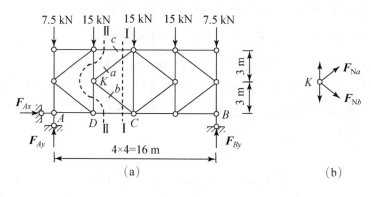

图 8-24

（1）求支座反力。

根据整体平衡条件：

$$F_{Ax} = 0, \quad F_{Ay} = 30 \text{ kN}(\uparrow), \quad F_{By} = 30 \text{ kN}(\uparrow)$$

（2）求指定杆件轴力。

① 作截面 I-I，截断四根杆件，取截面左侧部分为隔离体。四个未知力仅依靠此隔离体无法求解，只能得到：

$$\sum F_y = 0 \quad F_{by} - F_{ay} = 7.5 \text{ kN}$$

杆件 a 和 b 交于结点 K，如图 8-24（b）所示，结点 K 为 K 形结点，利用该结点平衡条件可得到：

$$F_{Na} = -F_{Nb} \text{ 或 } F_{by} = -F_{ay}$$

联合应用截面法和结点法，可得：

$$F_{by} = -F_{ay} = 3.75 \text{ kN}, \quad F_{Na} = -F_{Nb} = -6.25 \text{ kN}(压力)$$
$$F_{Nb} = 6.25 \text{ kN}(拉力)$$

② 作截面 II-II，取截面左侧为部分为隔离体，虽然截断四根杆件，但在隔离体中除 F_{Nc} 外，其余三个未知力全部交于结点 D，利用力矩法就可以求得 F_{Nc}。

$$\sum M_D = 0 \quad F_{Nc} = -15 \text{ kN}(压力)$$

8.4.3 桁架的工程应用

不同形式的桁架，其内力分布也不相同，工程设计时应根据具体情况加以选择。

（1）平行弦桁架内力分布不均匀，杆件采用相同截面时浪费材料，采用不同截面时施工不便。但是平行弦桁架杆件尺寸比较统一，有利于标准化生产，适用于厂房中的吊车梁和跨度不大的桥梁等结构。

（2）三角形桁架内力分布不均匀，且两端结点处夹角很小，构造较为复杂，制造困难，适用于跨度较小的屋架。

（3）抛物线形桁架内力分布均匀，用料经济，但构造较复杂。适用于大跨度桥梁和大跨度屋架。

8.5　三铰拱

8.5.1　拱结构的特点及组成

拱是轴线为曲线且在竖向荷载作用下能够产生水平反力的结构，是能够跨越较大跨度的结构形式，在桥梁、房屋建筑、水工结构中有着广泛的应用。我国著名的赵州桥（位于今河北省赵县境内），建于公元595—605年，全长64.4米，拱顶宽9米，拱脚宽9.6米，净跨37.02米，拱高7.23米，自重2800吨，是世界上建造最早的单孔敞肩型石拱桥，是世界造桥史的一个创举。1991年9月，赵州桥被美国土木工程师学会评选为第十二个"国际土木工程里程碑"。

拱结构常用的形式有三铰拱 ［见图 8–25（a）］、拉杆拱 ［见图 8–25（b）］、两铰拱 ［见图 8–25（c）］和无铰拱 ［见图 8–25（d）］等。其中，三铰拱和拉杆拱是静定结构，两铰拱和无铰拱是超静定结构。本节主要介绍三铰拱的计算。拉杆拱在竖向荷载作用下水平支座反力为零，由拉杆的拉力代替水平支座反力，曲线杆件的力学性能与拱中的曲线杆件相似。

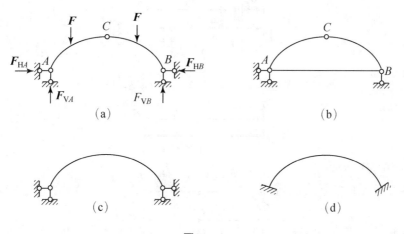

图 8–25

区别拱和曲梁的根本标志是拱结构在竖向荷载作用下会产生水平反力，也称为水平推力。因而，在竖向荷载作用下能产生水平反力的结构也称为拱式结构或推力结构。推力作用下产生的弯矩使得拱结构外缘受拉，竖向荷载作用下产生的弯矩使得拱结构内缘受拉，两者叠加使得拱的弯矩比相同跨度、荷载的梁中弯矩小，体现了拱结构的良好受力性能。

拱的组成如图 8–26 所示。拱各个横截面形心的连线称为拱轴线；拱的支座称为拱趾；两拱趾之间的水平距离称为拱的跨度；拱轴上距起拱线最远距离的一点称为拱顶，三铰拱通常在此处设置铰结点；拱顶到起拱线之间的竖直距离称为拱高或矢高；拱高与跨度的比值 f/l 称为高跨比或矢跨比。两拱趾在同一水平高度的拱称为平拱，不在同一水平高度的则称为斜拱。

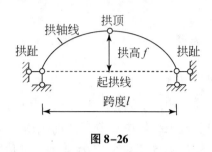

图 8-26

8.5.2 三铰拱的计算

三铰拱与三铰刚架的几何组成性质相同，都属于三刚片结构，其支座反力、截面内力的计算方法也是相同的，要利用整体平衡和局部平衡条件求解。

以竖向荷载作用下的三铰平拱［见图 8-27（a）］为例，来说明三铰拱支座反力和内力的计算方法。为便于计算，将与三铰拱跨度相同、竖向荷载也相同的简支梁称为相应简支梁或代梁［见图 8-27（b）］，将两者受力情况加以对比，找出联系。

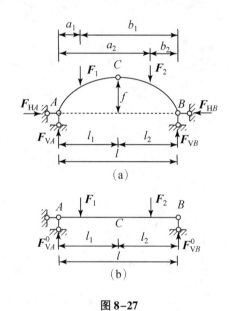

图 8-27

1. 支座反力的计算

由图 8-27（a）所示三铰拱的整体平衡 $\sum M_B = 0$ 及 $\sum M_A = 0$，求得两个竖向支座反力并建立两个水平反力之间的关系

$$F_{VA} = \frac{\sum F_i b_i}{l} \tag{8-2}$$

$$F_{VB} = \frac{\sum F_i a_i}{l} \tag{8-3}$$

$$F_{HA} = F_{HB} = F_H \tag{8-4}$$

切断左右两刚片（左半拱 AC 和右半拱 BC）之间的约束，取 AC（或 BC）为隔离体，由 $\sum M_C = 0$，求得

$$F_H = \frac{F_{VA} l_1 - F_1(l_1 - a_1)}{f} \tag{8-5}$$

计算并分析可得，相应简支梁的两个竖向反力与三铰拱的两个竖向反力相等；式（8-5）右端分子项与相应简支梁对应拱顶的截面 C 的弯矩 M_C^0 相等。

$$\left. \begin{array}{l} F_{VA} = F_{VA}^0 = \dfrac{\sum F_i b_i}{l} \\[3mm] F_{VB} = F_{VB}^0 = \dfrac{\sum F_i a_i}{l} \\[3mm] F_H = \dfrac{M_C^0}{f} \end{array} \right\} \tag{8-6}$$

式（8-6）表明：

（1）在竖向荷载作用下，三铰拱的竖向反力等于相应简支梁对应的竖向支座反力；两个水平反力等值反向，等于相应简支梁截面 C 的弯矩 M_C^0 除以拱高 f。荷载竖直向下时，水平反力指向三铰拱的内侧（推力）。

（2）荷载、跨度 l 确定，M_C^0 为定值，给定拱高 f，即可确定水平推力 $\boldsymbol{F}_H$。说明水平推力 $\boldsymbol{F}_H$ 只与荷载以及三个铰 A，B，C 的位置有关，而与拱轴线形状无关。

（3）当荷载与拱的跨度 l 不变时，水平推力 $\boldsymbol{F}_H$ 与拱高 f 成反比，越扁平的拱，水平推力越大。在工程实际中，拱结构的高跨比 f/l 一般为 $0.1 \sim 1$。

2. 截面内力的计算

求得支座反力后，可利用截面法计算三铰拱任意横截面的内力。拱轴为曲线，横截面与轴线正交，任意横截面 K 的位置由三个几何参数确定，即由形心坐标 x_K，y_K 和该截面拱轴切线的倾角 φ_K，如图 8-28（a）所示。

（1）弯矩。截断截面 K，取截面左侧部分为隔离体，如图 8-28（b）所示。

$$\sum M_K = 0，\quad M_K = \left[F_{VA} x_K - F_1(x_K - a_1) \right] - F_H y_K$$

因为 $F_{VA} = F_{VA}^0$，上式右端项中括号内的值是相应简支梁［见图 8-28（c）］上截面 K 的弯矩 M_K^0，如图 8-28（d）所示，因此，M_K 可以写成

$$M_K = M_K^0 - F_H y_K$$

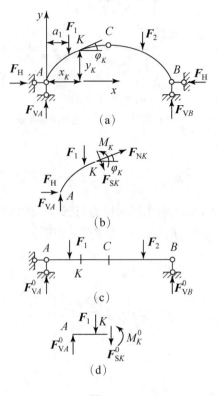

图 8-28

也就是说，三铰拱内任意截面的弯矩 M_K 等于其相应简支梁对应截面 K 的弯矩 M_K^0 减去水平推力引起的弯矩 $F_H y_K$。

（2）剪力。拱结构中的剪力仍规定绕隔离体顺时针转动为正，反之为负。任意横截面 K 的剪力 F_{SK} 等于该截面一侧所有外力在该截面方向上投影的代数和，由图 8-28（b）可以得到

$$F_{SK}=F_{VA}\cos\varphi_K-F_1\cos\varphi_K-F_H\sin\varphi_K$$
$$=(F_{VA}-F_1)\cos\varphi_K-F_H\sin\varphi_K$$

与相应简支梁［见图 8-28（c）］对应截面 K 内力［见图 8-28（d）］进行比较，显然有

$$F_{SK}^0=F_{VA}^0-F_1=F_{VA}-F_1$$

所以，有

$$F_{SK}=F_{SK}^0\cos\varphi_K-F_H\sin\varphi_K$$

（3）轴力。拱结构中的轴力仍规定拉力为正，反之为负。任意横截面 K 的轴力 F_{NK} 等于该截面一侧所有外力在该截面法线方向（轴线方向）上投影的代数和，由图 8-28（b）可以得到

$$F_{NK}=-F_{VA}\sin\varphi_K+F_1\sin\varphi_K-F_H\cos\varphi_K$$

$$= -(F_{VA} - F_1)\sin\varphi_K - F_H\cos\varphi_K$$
$$= -F_{SK}^0\sin\varphi_K - F_H\cos\varphi_K$$

说明，拱结构一般轴向受压。

综上，三铰拱在竖向荷载作用下的内力计算公式为

$$
\left.
\begin{aligned}
M &= M^0 - F_H y \\
F_S &= F_S^0\cos\varphi - F_H\sin\varphi \\
F_N &= -F_S^0\sin\varphi - F_H\cos\varphi
\end{aligned}
\right\}
\tag{8-7}
$$

式（8-7）是以左半拱为隔离体推导得到的，亦适用于计算右半拱的内力。应注意的是，φ 在拱顶右侧时应取负值，即在式（8-7）中，$\cos(-\varphi) = \cos\varphi$，$\sin(-\varphi) = -\sin\varphi$。式（8-7）只适用于计算竖向荷载作用下的三铰拱，在其他荷载情况下应根据平衡条件直接计算支座反力和截面内力。

式（8-7）表明：

（1）在相同竖向荷载、相同跨度时，由于水平推力的存在，三铰拱的弯矩比相应简支梁的弯矩小。

（2）三铰拱内力的大小与拱轴线形状有关，改变轴线形状，可以调整三铰拱的内力状态，使其更加合理。

（3）三铰拱中的轴力为压力，水平推力的存在增大了轴向压力。

【例 8-8】计算如图 8-29 所示三铰拱中截面 K 的内力。已知拱轴线为抛物线，其方程为 $y = \dfrac{4f}{l^2}x(l-x)$。

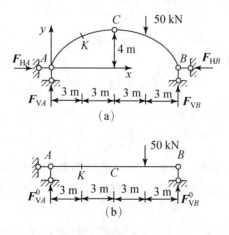

图 8-29

【解】（1）求支座反力。

由式（8-6）可得

$$\begin{cases} F_{VA} = F^0_{VA} = \dfrac{50 \times 3}{12} = 12.5\,(\mathrm{kN}) \\[2mm] F_{VB} = F^0_{VB} = \dfrac{50 \times 9}{12} = 37.5\,(\mathrm{kN}) \\[2mm] F_H = \dfrac{M^0_C}{f} = \dfrac{12.5 \times 6}{4} = 18.75\,(\mathrm{kN}) \end{cases}$$

（2）求截面 K 的内力。

由已知条件和式（8-7）可得

$$y = \frac{4f}{l^2}x(l-x), \quad \tan\varphi = y' = \frac{4f}{l^2}(l-2x)$$

$$x_K = 3\text{ m}, \quad y_K = 3\text{ m}, \quad \tan\varphi_K \approx 0.666\,7, \quad \sin\varphi_K \approx 0.554\,7, \quad \cos\varphi_K \approx 0.832\,1$$

$$M^0_K = 12.5 \times 3 = 37.5\,(\mathrm{kN \cdot m})$$

$$F^0_{SK} = 12.5\,(\mathrm{kN})$$

$$\begin{cases} M_K = M^0_K - F_H y_K = 37.5 - 18.75 \times 3 = -18.75\,(\mathrm{kN \cdot m}) \\[2mm] F_{SK} = F^0_{SK}\cos\varphi_K - F_H\sin\varphi_K \approx 12.5 \times 0.832\,1 - 18.75 \times 0.554\,7 \approx 0 \\[2mm] F_{NK} = -F^0_{SK}\sin\varphi_K - F_H\cos\varphi_K \approx -12.5 \times 0.554\,7 - 18.75 \times 0.832\,1 = -22.54\,(\mathrm{kN}) \end{cases}$$

8.5.3　三铰拱的合理拱轴线

当拱结构所有截面的弯矩为零（所有剪力也为零）只有轴力时，横截面上的正应力均匀分布且轴向受压，这样的拱轴线称为合理拱轴线。

合理拱轴线可以根据弯矩为零的条件求得。作为只承受竖向荷载作用的三铰拱，其任意横截面上的弯矩为

$$M_K = M^0_K - F_H y_K$$

由合理拱轴线的概念可得

$$M = M^0 - F_H y = 0$$

从而得到合理拱轴线方程为

$$y = \frac{M^0}{F_H} \tag{8-8}$$

对于只承受竖向荷载作用的三铰拱，其合理拱轴线的纵标 y 应等于相应简支梁的弯矩 M^0 与水平推力 F_H 的比值。当荷载确定后，用相应简支梁的弯矩方程除以水平推力即得到该三铰拱的合理拱轴线方程。

【例 8-9】求如图 8-30（a）所示三铰拱在竖向满跨均布荷载作用下的合理拱轴线。

【解】（1）该三铰拱相应简支梁［见图 8-30（b）］的弯矩方程为

$$M^0 = \frac{1}{2}qx(l-x)$$

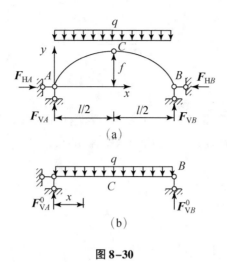

图 8-30

（2）水平支座反力由式（8-6）求得

$$F_{\mathrm{H}} = \frac{M_C^0}{f} = \frac{ql^2}{8f}$$

（3）由式（8-8）求得合理拱轴线

$$y = \frac{M^0}{F_{\mathrm{H}}} = \frac{4f}{l^2}x(l-x)$$

可见，在满跨竖向均布荷载作用下，三铰拱的合理拱轴线是二次抛物线。

用类似的方法还可以求得三铰拱在其他荷载作用下的合理拱轴线。

（1）在填土重量（填土表面水平）作用下的合理拱轴线是一悬链线。

（2）在径向（垂直于杆件轴线）均布荷载（如水压力）作用下的合理拱轴线是圆弧线。

在不同竖向荷载作用下，三铰拱的合理拱轴线是不同的。在实际工程中，同一个三铰拱通常受到不同荷载或组合荷载的作用，根据某一固定荷载确定的合理拱轴线并不能保证三铰拱在其他竖向荷载作用下也处于无弯矩状态。因而，在结构设计时，综合考量主要荷载作用下的合理拱轴线、结构构造及使用功能等要求来确定拱轴线的形状，以达到三铰拱使用时拱内弯矩较小的目的。

8.6　静定组合结构

组合结构是由链杆和受弯杆件组合而成的结构。在组合结构中，链杆只产生轴力；受弯构件截面内力有轴力、弯矩和剪力。两类杆件以组合结点相连，如图 8-31 所示结构。杆件 *AC*，*BC* 为受弯杆件，其余 5 根杆件为链杆，*F*，*G* 为组合结点。

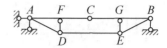

图 8-31

组合结构的计算一般计算链杆的轴力，画出受弯杆件的弯矩图。选取隔离体时，宜尽量避免截断受弯杆件。组合结构内力计算的一般步骤如下：

（1）计算支座反力。

（2）计算各链杆的轴力。

（3）计算受弯杆件的弯矩。

（4）作内力图。

在某些特殊情况下，也可以直接画出受弯杆件的弯矩图，要视具体问题具体分析。

1. 正确区分链杆和受弯杆件

计算组合结构的关键在于能否正确区分结构中的链杆和受弯杆件。

链杆（桁架杆）应为直杆，两端铰结且杆件上无横向（垂直于杆件轴线）荷载作用，如图 8-32（a）所示；受弯杆件（梁式杆）可以是直杆、曲杆或折杆，可承受横向荷载作用，如图 8-32（b）、图 8-32（c）所示。

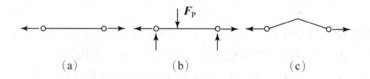

（a）   （b）   （c）

图 8-32

2. 组合结构的计算

下面举例说明组合结构的计算方法和步骤。

【例 8-10】 计算如图 8-33（a）所示组合结构的内力。

【解】 图中组合结构为简支式结构，在进行内力计算时，可先求得支座反力。结构杆件部分是由 ACD（刚片Ⅰ）和 BCE（刚片Ⅱ）通过铰 C 和链杆 DE 组成的两刚片型结构。

（1）求支座反力。

根据整体平衡条件：

$$F_{Ax}=0, \quad F_{Ay}=3 \text{ kN}(\uparrow), \quad F_{By}=5 \text{ kN}(\uparrow)$$

（2）求杆件内力。根据结构杆件部分的几何组成方式，切断两刚片之间的三个约束即可，作截面Ⅰ-Ⅰ，将结构分为两部分。

① 取截面左侧部分为隔离体，如图 8-33（b）所示，分析隔离体受力情况。

$$\sum F_y = 0 \quad F_{Cy}=3 \text{ kN}(\downarrow)$$

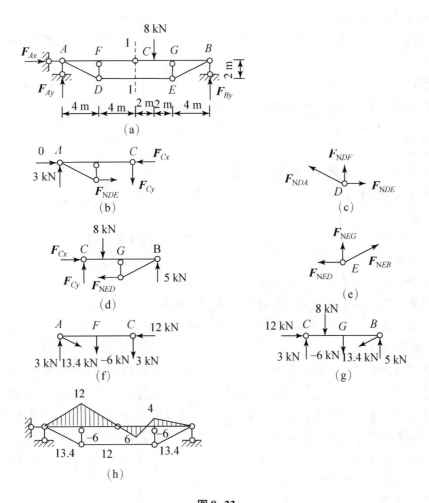

图 8-33

$$\sum M_C = 0 \qquad F_{NDE} = 12 \text{ kN}(拉力)$$

$$\sum F_x = 0 \qquad F_{Cx} = 12 \text{ kN}(\leftarrow)$$

分析结点 D 的平衡，如图 8-33 (c) 所示，可得

$$F_{NDA} = 6\sqrt{5} \approx 13.4(\text{kN})(拉力)$$

$$F_{NDF} = -6 \text{ kN}(压力)$$

② 取截面右侧部分为隔离体，如图 8-33 (d)、图 8-33 (e) 所示，分析受力情况。

$$F_{NEB} = 6\sqrt{5} \approx 13.4(\text{kN})(拉力)$$

$$F_{NEG} = -6 \text{ kN}(压力)$$

③ 分析受弯杆件的内力。

取 AC 杆和 BC 杆为隔离体，如图 8-33（f）、图 8-33（g）所示，分析受力情况，计算受弯杆件的弯矩。

（3）作内力图。

根据上述计算结果，作出组合结构的内力图如图 8-33（h）所示。

本章小结

本章主要学习了各种类型静定结构的内力计算方法及绘制内力图的方法；讨论了静定结构整体平衡和局部平衡的概念，分析了各种静定结构的力学特性。

1. 截面法

截面法是计算结构杆件指定截面内力的基本方法，其计算步骤可以简单地概括为：截断、代替、平衡。

（1）截断：在所求内力的指定截面处截断，选取任意一部分作为隔离体。

（2）代替：用相应内力代替去掉部分对隔离体的作用。

（3）平衡：利用隔离体的平衡条件，确定该截面的内力。

2. 叠加法作弯矩图

叠加原理是结构分析中常用的原理之一，其表述为：结构中由一组荷载共同作用产生的效应（反力、内力、变形、位移等）等于该组每一个荷载单独作用所产生效应的代数和。叠加原理适用于小变形线弹性结构。利用叠加原理作结构弯矩图的方法称为叠加法。

分段叠加法作弯矩图的一般步骤：

（1）将结构分成若干直杆段，直杆段两端为控制截面。控制截面一般选在支座处、自由端、杆件交汇处、分布荷载起止点等位置。

（2）利用截面法求得控制截面弯矩值，即各杆段的杆端弯矩值。

（3）画线连接各杆段杆端弯矩值，得到各杆段基线。

（4）有横向（垂直于杆件轴线方向）荷载作用的区段，在基线基础上叠加以该段长度为跨度的简支梁在相同跨内荷载作用下（称为相应简支梁）的弯矩图，以得到该段最后的弯矩图；无横向荷载作用的区段，将基线连成实线可得该段最后的弯矩图。

需要注意的是：弯矩图叠加是对应的弯矩纵标相加，而不是图形的简单拼合，故在基线上叠加的弯矩图的纵标一定要垂直于杆件轴线。

3. 受弯杆件

单跨梁、多跨梁、刚架、三铰拱均为受弯杆件组成的结构，杆件截面内力有轴力、剪力和弯矩，内力的计算方法采用截面法。土木工程结构的杆件多为受弯杆件。

4. 桁架结构

由链杆组成并只受到结点荷载作用的结构称为桁架结构。桁架杆件只产生轴力，链杆轴力的计算方法有结点法和截面法。

5. 组合结构

既有受弯杆件又有链杆的结构称为组合结构。组合结构计算的关键是分清两种受力特性不同的杆件，受弯杆件要作弯矩图，链杆要计算轴力。

思考题

1. 什么是受弯杆件，其有何种内力？
2. 什么是桁架结构，其受力特点如何？
3. 叠加法作弯矩图的要点是什么？
4. 多跨梁的计算顺序是否为任意？
5. 刚架计算时如何校核刚结点平衡？

习　题

8-1　作如图 8-34 所示的静定多跨梁的弯矩图。

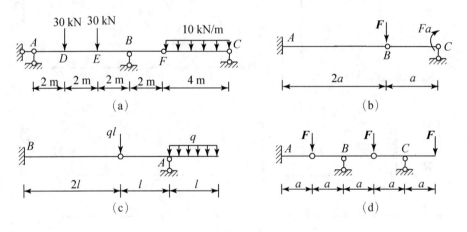

图 8-34

8-2　作如图 8-35 所示的静定平面刚架的弯矩图。

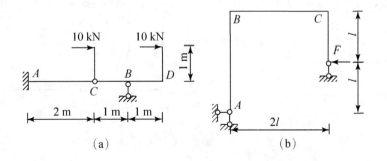

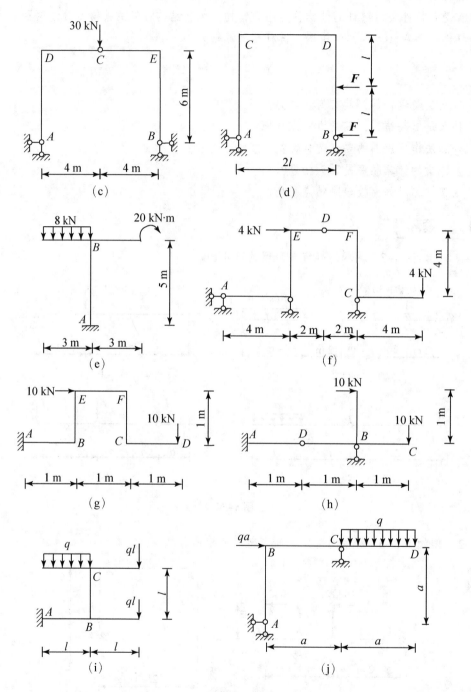

图 8-35

8–3　计算如图 8–36 所示的桁架中指定杆件的轴力。

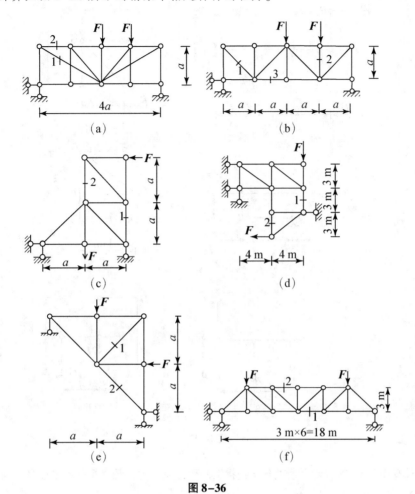

图 8–36

8–4　计算如图 8–37 所示的组合结构，作受弯杆件的弯矩图，计算链杆的轴力。

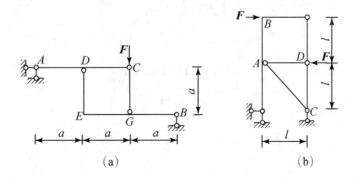

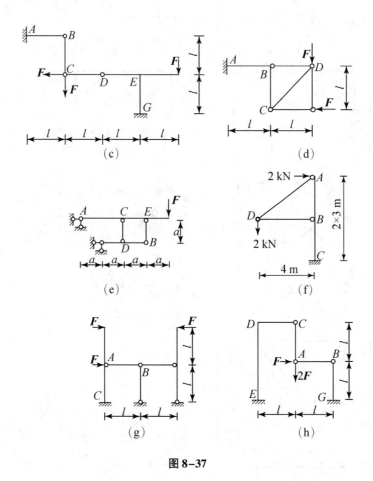

图 8-37

8-5 计算如图 8-38 所示的抛物线三铰拱上截面 K 的内力，已知拱轴线方程为 $y=4fx(l-x)/l^2$。已知 $F=4$ kN，$f=8$ m，$|\varphi_K|=45°$。

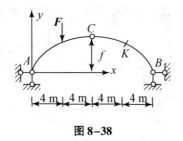

图 8-38

第9章　静定结构位移计算

1. 了解实功与虚功、广义力与广义位移的确定，了解变形体系虚功方程。
2. 掌握单位荷载法和支座位移引起的位移计算。
3. 掌握图乘法求解静定结构在荷载作用下的位移计算。

1. 静定结构在荷载作用下的位移计算。
2. 图乘法。

9.1　静定结构位移概述

结构都是由可变形固体材料组成的，在外界因素（如荷载、温度变化、支座位移和制造误差等）的作用下会发生变形。发生变形时，结构各点的位置将会移动，杆件的横截面会转动，这些移动和转动称为结构的位移。

广义位移 Δ 通常是指线位移、角位移、相对线位移和相对角位移。如图 9-1 所示的刚架，在荷载作用下发生图中虚线所示的变形，结构中各截面发生了位移。其中，自由端截面形心 C 点移动到 C' 点，线段 CC' 称为 C 点的线位移，记为 Δ_C。此截面发生的角位移用 φ_C 表示。此外，结构各部分之间也会发生相对位移，如 B 点与 C 点竖直方向线位移之差即为 B 点和 C 点之间的相对线位移，记作 Δ_{BC}，同理，转角之差即为相对角位移 φ_{BC}，在图中没有一一表示。

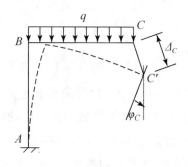

图 9-1

另外，本章中结构的材料均在线弹性范围内工作，且符合胡克定律，结构的位移均是微小的，不影响变形后荷载的作用位置。

在工程设计和施工过程中，结构的位移计算占有重要地位。结构位移计算的目的主要有以下几个方面：

（1）计算结构变形、验算结构刚度。在前面的学习中我们知道，建筑结构在正常使用时，不仅要满足强度的要求，还必须满足刚度的要求。例如，如果受弯构件或高层建筑在荷载作用下的变形过大，就会影响使用者的心理安全感和使用舒适度。又如，桥梁的变形挠度要符合行车的需要，保证车辆在行驶过程中不出现剧烈震动、颠簸或脱轨等现象。这就必须验算结构的位移是否超过工程允许的位移限值，即验算刚度。

（2）为制作、架设结构提供依据。对于大跨度或柔性结构来说，在自重和施工荷载的作用下就会产生较大变形。为了避免结构在使用状态下产生明显的下挠，在制作和架设时结构往往需要预先起拱。例如，如图 9-2 所示的钢桁架结构，为了保证使用时下弦杆保持平直，需要在施工时对预先起拱的位移进行计算。

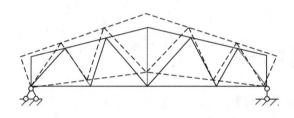

图 9-2

（3）为计算超静定结构打下基础。在计算超静定结构内力时，除利用静力平衡条件外，还需要考虑变形协调条件，考虑变形协调条件时必须计算结构的位移。

计算结构位移的一般方法是以虚功原理为基础的。本章先介绍虚功原理，然后讨论在荷载等外界因素作用下静定结构位移的计算方法。

9.2 虚功原理和单位荷载法

9.2.1 实功与虚功

如图 9-3（a）所示，梁上 1 位置作用静力荷载 F_1，其变形如图中虚线所示，沿着 F_1 作用方向的位移为 Δ_{11}，位移符号中的第一个下角标表示发生位移的位置或方向，第二个下角标表示产生位移的原因。此处，Δ_{11} 表示由 1 位置的力引起的 1 位置的位移，这种力在由其本身所引起的位移上所做的功称为实功。静力荷载是指从零缓慢增加到 F_1 值并保持不变的力，静力荷载 F_1 与变形 Δ_{11} 之间的线性关系如图 9-3（c）所示。静力荷载 F_1 所做的功 W_1 为阴影三角形的面积，即

$$W_1 = \frac{1}{2}F_1\Delta_{11}$$

在图 9-3 (b) 所示状态下，在 2 位置再施加荷载 F_2，使得杆件产生新的变形。1 位置也产生新的位移 Δ_{12}，该位移与 F_1 的关系如图 9-3 (d) 所示，即在 F_1 不变的情况下 Δ_{12} 由零逐渐增加至此位移。其所做的功仍为包围的阴影部分的面积，即

$$W_2 = F_1\Delta_{12}$$

此项功中的位移 Δ_{12} 虽然是沿着 F_1 的方向，但不是由 F_1 引起的，这种做功的力在不是由它本身引起的位移上做的功，称为虚功。这里所说的 "虚" 表示此项功中的力和位移是彼此独立，没有因果关系的。

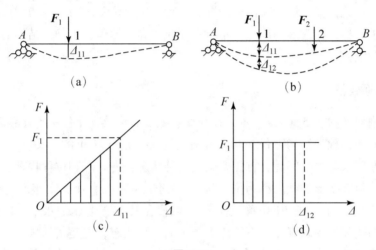

图 9-3

9.2.2　变形体系的虚功原理

具有理想约束的刚体体系处于平衡状态的充要条件是：对任何无限小的刚体虚位移，所有外力做的虚功总和为零。如图 9-4 所示由刚性杆 AC 组成的梁，跨中位置作用集中力 F 与 A，C 处的竖直支座反力组成平衡力系。若 C 支座发生竖直沉降 Δ_C，AC 杆发生刚体位移，体系中的外力做的虚功为

$$W = F\frac{\Delta_C}{2} - \frac{F}{2}\Delta_C = 0$$

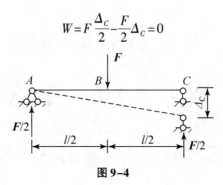

图 9-4

变形体系在变形过程中，不仅各杆件发生刚体运动，内部材料也产生应变，虚功原理可表述如下：体系在任意平衡力系作用下，给体系以约束允许的位移和变形，体系上所有外力做的虚功总和恒等于体系各截面所有内力在微段变形上做的虚功总和，即

$$W_e = W_i \qquad (9-1)$$

式中：W_e——体系的外力虚功；

W_i——体系的内力虚功。

约束允许的位移和变形是指位移和变形是微小的，在约束允许条件下的位移和协调的变形。由于虚功原理中的平衡力系与虚位移无关，所以不仅可以将位移看作虚设的，也可以将力看作虚设的。因此，虚功原理有两种情况，一种是虚设位移求力，称为虚位移原理；另一种是虚设力系求位移，称为虚力原理。本章主要应用虚力原理来求静定结构的位移，采用的方法是单位荷载法。

9.2.3　单位荷载法

平面三铰刚架如图9-5（a）所示，在荷载、温度变化及支座位移等外界因素的作用下，产生虚线所示变形，现求结构上任一截面 K 沿任一指定方向 kk 上的广义位移 Δ_K。

利用虚功原理求解这个问题，首先要确定两种状态：力状态和位移状态。其中做功的力系称为力状态，引起变形的状态称为位移状态。在图9-5（a）中，支座产生位移 c_i（$i=1$，2，3，4），杆件各截面也均产生位移，任取 ds 微段，其上产生 du，$d\varphi$，γds 微位移。这些位移均是给定的实际外界因素作用下结构上产生的位移状态，也是实际状态。要使体系做虚功还需要一个虚设的力状态。如前所述，力状态和位移状态是彼此独立无关的，因此，力状态可以根据计算的方便来假设。为了使欲求的 Δ_K 上所做的虚功简单，可在 K 点沿着 kk 方向设一个单位集中力 $F_k=1$，同时在这个荷载的作用下产生四个支座反力 $\bar{F}_{Ri}$（$i=1$，2，3，4），ds 微段截面上产生内力 $\bar{F}_N$，$\bar{F}_S$，$\bar{M}$，如图9-5（b）所示（此处 $d\bar{F}_N$、$d\bar{F}_S$、$d\bar{M}$ 均为零）。这些力均是由虚设单位力引起的，因此这个力状态是虚拟状态。

外力虚功是力状态中的单位荷载和支座反力在位移状态中的位移 Δ_K 和 c_i（$i=1$，2，3，4）上所做虚功的和，用算式表达为

$$W_e = 1 \cdot \Delta_K + \sum \bar{F}_{Ri} c_i \qquad (9-2)$$

同时，ds 微段上内力在变形上所做的虚功为 $dW_i = \bar{F}_N du + \bar{M}d\varphi + \bar{F}_Q \gamma ds$，则整个结构上内力虚功的和为

$$W_i = \sum \int \bar{F}_N du + \sum \int \bar{M}d\varphi + \sum \int \bar{F}_S \gamma ds \qquad (9-3)$$

根据虚功原理 $W_e = W_i$ 有

$$1 \cdot \Delta_K + \sum \bar{F}_{Ri} c_i = \sum \int \bar{F}_N du + \sum \int \bar{M}d\varphi + \sum \int \bar{F}_S \gamma ds$$

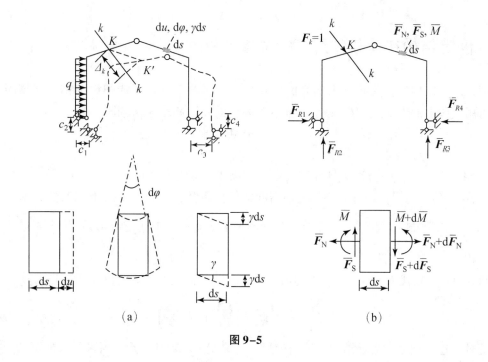

图 9-5

由此可得

$$\Delta_K = \sum \int \bar{F}_N du + \sum \int \bar{M} d\varphi + \sum \int \bar{F}_S \gamma ds - \sum \bar{F}_R c \tag{9-4}$$

式（9-4）为平面杆件结构位移计算的一般公式。该公式适用于由各种因素引起的位移计算，在静定结构和超静定结构位移求解中均可适用，但其只针对小变形的情况。此式计算结果若为正，表示单位荷载所做虚功为正，即所求位移方向与虚设单位力方向相同，若为负则相反。这种通过虚设单位荷载作用下的平衡状态，利用虚功原理求解结构位移的方法称为单位荷载法。

单位荷载法不仅可以用于计算结构的线位移，还可以计算广义位移，只要虚设的单位荷载与所计算的广义位移相对应即可。图 9-6 所示以悬臂刚架为例，给出了求解每一种位移时单位力的设法。

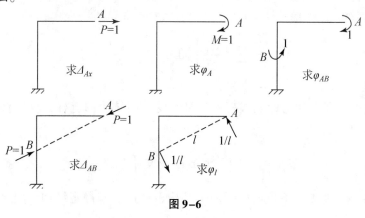

图 9-6

9.3 静定结构在荷载作用下的位移计算

现在讨论结构只在荷载作用下的位移计算。这里的结构是指线弹性结构，根据胡克定律，可用微段上的力 F_{NP}，M_P 和 F_{SP} 来表示微段上的 du，$d\varphi$，γds，即

$$du = \frac{F_{NP}ds}{EA}, \quad d\varphi = \frac{M_P ds}{EI}, \quad \gamma ds = \frac{kF_{SP}ds}{GA} \tag{9-5}$$

式中：EA，EI，GA——分别为杆件的抗弯、抗拉和抗剪刚度；

k——剪应力沿截面分布不均匀而引起的修正系数，其值与截面形状有关，对于矩形截面 $k=\dfrac{6}{5}$，对于圆形截面 $k=\dfrac{10}{9}$，对于薄壁圆环截面 $k=2$，对于工字形截面 $k \approx \dfrac{A}{A'}$，A' 为腹板截面积。

将式（9-5）代入式（9-4）中的前三项中，可得荷载作用下的位移计算公式：

$$\Delta_K = \sum \int \frac{F_{NP}\overline{F}_N}{EA}ds + \sum \int \frac{M_P \overline{M}}{EI}ds + \sum \int \frac{kF_{SP}\overline{F}_S}{GA}ds \tag{9-6}$$

等号右边三项分别表示结构的轴向变形、弯曲变形和剪切变形对所求位移的贡献。在实际计算中，根据结构杆件的受力性质以及上述三种变形对结构位移贡献的大小，常常只需考虑其中的一项或两项。

1. 梁和刚架

在梁和刚架中，位移主要是由弯曲变形引起的，轴向变形和剪切变形的影响很小，一般可以忽略不计。因此，对于由梁和刚架这类受弯构件组成的结构，计算位移时可只取式（9-6）中的第二项：

$$\Delta_K = \sum \int \frac{M_P \overline{M}}{EI}ds \tag{9-7}$$

2. 桁架

桁架结构杆件内力只有轴力，且一根杆件的轴力及 EA 沿杆长 l 均为常数，所以桁架计算位移时只取式（9-6）中的第一项：

$$\Delta_K = \sum \int \frac{F_{NP}\overline{F}_N}{EA}ds = \sum \frac{F_{NP}\overline{F}_N}{EA}l \tag{9-8}$$

3. 组合结构

在组合结构中，既有受弯的梁式杆件，又有受轴向拉压的链杆，故位移计算公式可简化为：

$$\Delta_K = \sum \int \frac{F_{NP}\overline{F}_N}{EA}ds + \sum \int \frac{M_P \overline{M}}{EI}ds \tag{9-9}$$

式（9-6）~式（9-9）不仅适用于静定结构也适用于超静定结构。用这些公式计算结

构位移的方法称为积分法。

积分法计算位移的一般步骤如下：

（1）在欲求位移处沿所求位移方向设广义单位力。

（2）分别建立实际荷载和虚拟单位荷载作用下各杆段的内力方程。

（3）将步骤（2）中建立的内力方程代入适合的位移计算公式中，计算所求位移。

【例 9-1】如图 9-7（a）所示刚架，EI 为已知常数，试求 C 点的竖向位移和结点 B 的转角。

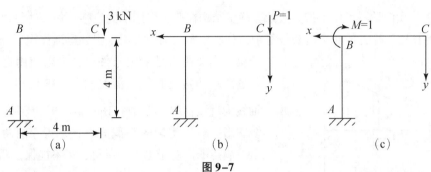

图 9-7

【解】此结构为刚架结构，适用公式为

$$\Delta_K = \sum \int \frac{M_P \overline{M}}{EI} ds$$

（1）计算 C 点的竖向位移。

建立坐标系如图 9-7（b）所示。在 C 点设竖向单位力 $P=1$ 作用，且虚设状态中不得出现实际荷载。荷载作用下各杆的弯矩表达式为

BC 杆：$\qquad\qquad\qquad\qquad M_P(x) = -3x$

AB 杆：$\qquad\qquad\qquad\qquad M_P(y) = -12$　　　　　　　　　　　（1）

单位力作用下各杆的弯矩表达式为

BC 杆：$\qquad\qquad\qquad\qquad \overline{M}(x) = -x$

AB 杆：$\qquad\qquad\qquad\qquad M_P(y) = -4$

代入式（9-7）得

$$\Delta_{CV} = \sum \int \frac{M_P(x)\overline{M}(x)}{EI} ds = \int_0^4 \frac{3x \cdot x}{EI} dx + \int_0^4 \frac{12 \times 4}{EI} dy = \frac{256}{EI}(\downarrow)$$

正号表示位移方向与虚拟力方向一致，即位移向下。

（2）计算结点 B 的转角。

在结点 B 处作用单位力偶矩 $M=1$，单位力作用下各杆的弯矩表达式为

BC 杆：$\qquad\qquad\qquad\qquad \overline{M}(x) = 0$

AB 杆：$\qquad\qquad\qquad\qquad M_P(y) = -1$

荷载作用下各杆的弯矩表达式同（1），代入式（9-7）得

$$\varphi_B = \sum \int \frac{M_P(x)\overline{M}(x)}{EI}ds = 0 + \int_0^4 \frac{12 \times 1}{EI}dy = \frac{48}{EI}(\curvearrowright)$$

正号表示位移方向与虚拟力方向一致，即 B 处的转角为顺时针方向。

9.4 图乘法

在 9.3 节我们学习了使用积分法计算静定结构在荷载作用下的位移。积分法可以适合各种结构形式的位移计算，但对于荷载较复杂，分段较多的结构来说，积分运算往往比较烦琐。对

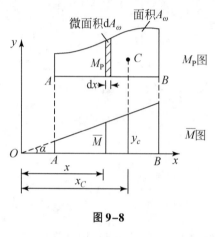

图 9-8

于梁或刚架在满足一定条件时，可以使用更加直观简单的图乘法进行计算。需要满足的前提条件是：杆件轴线为直线；EI 为常数；$\overline{M}$ 和 M_P 图中至少有一个为直线图形。对于均匀的等截面直杆来说，前两个条件是自然满足的，对于第三个条件，虽不能保证两图的整个杆件上为直线图形，但可知 $\overline{M}$ 图只有直线和折线两种情况，折线可分段为直线，因此第三个条件也可得到满足。

图 9-8 所示为等截面直杆 AB 的两个弯矩图，其中 M_P 图为任意形状，$\overline{M}$ 图为直线图形。建立如图 9-8 所示的 xOy 坐标系。

对于梁和刚架，计算位移的积分式为

$$\Delta = \sum \int \frac{M_P \overline{M}}{EI}ds$$

杆件只有一段时无须求和符号；AB 杆为直杆，式中 ds 可用 dx 代替；EI 为常量，可提到积分号外面，上式可写为

$$\Delta = \frac{1}{EI}\int M_P \overline{M}dx$$

因 $\overline{M}$ 图为直线图形，由图 9-8 可得 $\overline{M}=x\tan\alpha$，这里 $\tan\alpha$ 为常数，可提到积分号外，则上式可简化为

$$\Delta = \frac{\tan\alpha}{EI}\int M_P x dx = \frac{\tan\alpha}{EI}\int x dA_\omega$$

式中，$dA_\omega = M_P dx$ 为 M_P 图中阴影部分的微元面积。此时，式中积分项为整个 M_P 图的面积对 y 轴的静矩，应等于 M_P 图的面积 A_ω 乘以其形心到 y 轴的距离 x_C；由直线 $\overline{M}$ 图可知，$x_C\tan\alpha=y_C$，其中 y_C 是 M_P 图的形心对应于 $\overline{M}$ 图中的竖标，代入上式可得

$$\Delta = \frac{1}{EI}A_\omega x_C\tan\alpha = \frac{A_\omega y_C}{EI}$$

若结构所有杆件都符合图乘法的条件，则上式可以写为

$$\Delta = \sum \frac{A_\omega y_C}{EI} \tag{9-10}$$

式 (9-10) 为图乘法计算位移的公式。

根据图乘法计算位移公式的推导过程可知，应用图乘法计算时要注意以下几点：

(1) $\sum$ 表示对各杆或各杆段分别图乘后相加。

(2) 图乘法的应用条件有杆件轴线为直线；EI 为常数；两个弯矩图中至少有一个为直线图形。当以上适用条件不满足时的处理方法：曲杆或 $EI = EI(x)$ 时，只能用积分法求位移；当 EI 分段为常数时，应分段使用图乘法再叠加。

(3) 竖标 y_C 必须取自直线图形中，对应另一图形的形心处。

(4) 面积 A_ω 与竖标 y_C 在杆的同侧，$A_\omega y_C$ 取正号，否则取负号。

(5) 几种常见图形的面积和形心的位置，如图 9-9 所示。

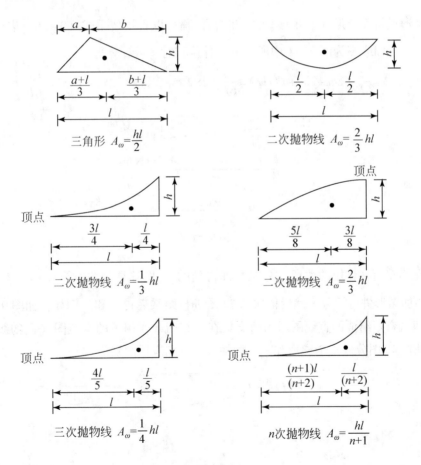

图 9-9

（6）如果两个图形都是梯形，因梯形的形心位置不能直接确定，属于直线形非标准图形。此时，可以把梯形分为两个三角形分别应用图乘法，如图 9-10 所示。根据图形中的几何关系可以计算得

$$\Delta = \frac{1}{EI}(A_{\omega1}y_{C1} + A_{\omega2}y_{C2}) = \frac{l}{6EI}(2ac + 2bd + ad + bc) \qquad (9-11)$$

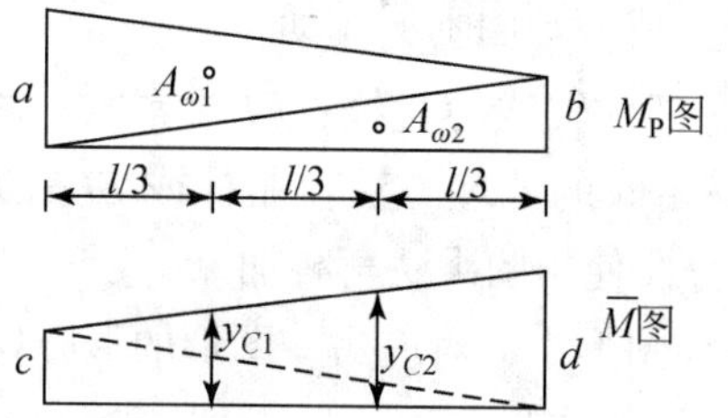

图 9-10

对于梯形或特殊梯形（三角形）图乘时，位移可以直接使用式（9-11）进行计算。例如，求解 $\overline{M}$ 图和 M_P 图为图 9-11 中所示的杆件位移时，可计算得

$$\Delta = \frac{l}{6EI}(2ac + 2bd + ad + bc) = \frac{9}{6EI}(2 \times 2 \times 5 - 2 \times 4 \times 3 - 2 \times 3 + 4 \times 5) = \frac{15}{EI}$$

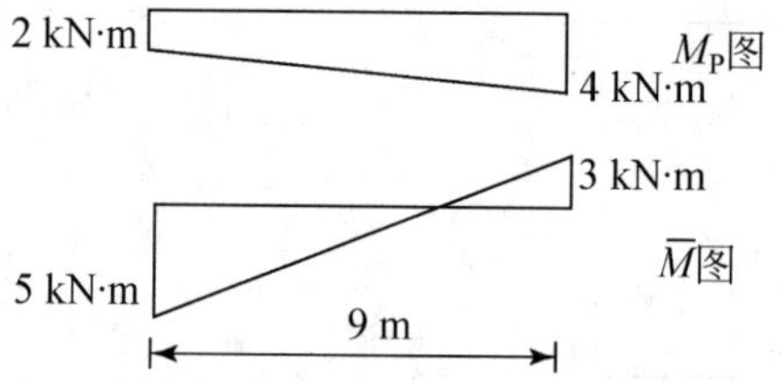

图 9-11

（7）在均布荷载作用的梁段，分段叠加得到的 M_P 图往往为曲线形非标准图形。此时，可先将按叠加图形进行拆分，然后依次与 $\overline{M}$ 图进行图乘后再求和。例如，如图 9-12 所示，M_P 图是由两端弯矩组成的直线图形和简支梁在均布荷载作用下的弯矩图（抛物线）叠加而成，因此可将 M_P 图分成一个梯形和一个抛物线后分别应用图乘法。

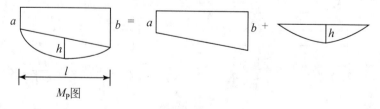

图 9-12

【例 9-2】 试用图乘法求解图 9-13（a）所示的静定梁自由端 C 点的竖向位移，EI 为常量，$l=3a$。

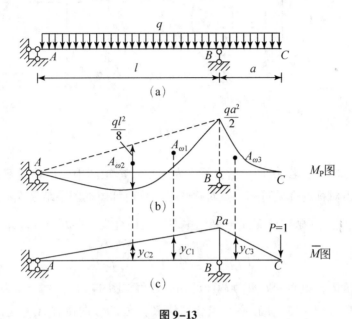

图 9-13

【解】 根据上一章的知识，此外伸梁实际状态弯矩图 M_P 如图 9-13（b）所示。因求 C 点的竖向位移，应在 C 点的竖直方向设单位力 $P=1$，此时，可画出 $\overline{M}$ 图如图 9-13（c）所示。因 AB 段 M_P 图为曲线型非标准图形，需要分成两个部分，加上 BC 段，两图进行图乘共需分三个部分分别计算。

$$A_{\omega 1}=\frac{1}{2}\frac{qa^2}{2}l=\frac{3qa^3}{4}, \quad y_{C1}=\frac{2a}{3}$$

$$A_{\omega 2}=\frac{2}{3}\frac{qa^2}{8}l=\frac{qa^3}{4}, \quad y_{C2}=\frac{a}{2}$$

$$A_{\omega 3}=\frac{1}{3}\frac{qa^2}{2}a=\frac{qa^3}{6}, \quad y_{C3}=\frac{3a}{4}$$

求和可得

$$\Delta_{Cy}=\frac{1}{EI}(A_{\omega 1}y_{C1}-A_{\omega 2}y_{C2}+A_{\omega 3}y_{C3})=\frac{qa^4}{2EI}(\downarrow)$$

计算结果为正值，说明 C 处的竖向位移是向下的。

【例 9-3】 三铰刚架受力如图 9-14（a）所示，试用图乘法求铰 C 两侧截面的相对角位移，各杆 EI 为常数。

【解】 刚架实际状态弯矩图 M_P 如图 9-14（b）所示。欲求铰 C 两侧截面的相对角位移，应在铰 C 左右两侧设一对单位力偶矩，如图 9-14（c）所示，作出 $\overline{M}$ 图。

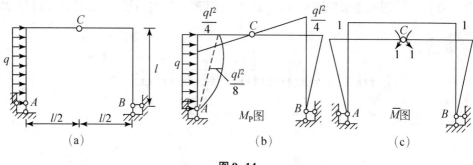

图 9-14

$\overline{M}$ 图为正对称图形，若 M_P 图中暂且不看左侧立柱弯矩图中的抛物线部分，则其余部分为反对称图形。由对称的性质可知，正对称图形与反对称图形图乘结果为零。因此，本题只需进行 M_P 图中左侧立柱抛物线部分与 $\overline{M}$ 图中左侧立柱直线图形的图乘。计算可得

$$\varphi_C = -\frac{1}{EI}\frac{2}{3}\times\frac{ql^2}{8}\times l\times\frac{1}{2} = -\frac{ql^3}{24EI}\quad()\,()$$

计算结果为负值，说明铰 C 两侧截面的相对转角与图 9-14（c）所示力方向相反。

【例 9-4】试求图 9-15（a）所示组合结构 K 点处的竖向位移 Δ_{Ky}。已知 $E = 210$ GPa，$I = 1.6\times10^{-4}$ m^4，CD 杆 $A = 5\times10^{-4}$ m^2。

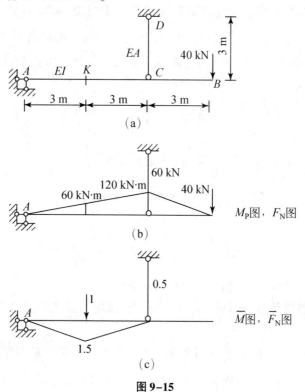

图 9-15

【解】此结构由受弯杆件 AB 与链杆 CD 组成，受弯杆件的计算仍可使用图乘法。实际荷载作用下的弯矩图与 CD 杆上的轴力如图9-15（b）所示。在 K 点处设竖直向下的单位力1，作出 $\bar{M}$ 图和 $\bar{F}_N$ 图，如图9-15（c）所示。

计算位移时，受弯杆件使用图乘法式（9-10），链杆使用积分法式（9-8）。M_P 图在 CB 段上无弯矩，图乘为零。AC 段上 M_P 图为直线图形，$\bar{M}$ 图为折线图形，因此，可取 $\bar{M}$ 图面积作为 A_ω，其形心对应 M_P 图上竖标 y_C，计算为

$$\Delta_{Ky} = -\frac{1}{EI} \times \frac{1}{2} \times 1.5 \times 6 \times 60 + 0 + \frac{1}{EA} \times 60 \times 0.5 \times 3$$

$$= -\frac{270 \times 10^3}{210 \times 10^9 \times 1.6 \times 10^{-4}} + \frac{90 \times 10^3}{210 \times 10^9 \times 5 \times 10^{-4}}$$

$$\approx -7.18 \times 10^{-3} = -7.18 \, (\text{mm}) \, (\uparrow)$$

结果为负，说明 K 点的竖向位移是向上的。

9.5　支座位移引起的位移计算

在建筑结构中，地基的不均匀沉降往往会产生一定的支座位移。静定结构在支座位移时，不会产生内力和变形，因而 $d\varphi$，du，γds 均为零，由静定结构位移计算一般式（9-4）可得

$$\Delta = -\sum \bar{F}_R c \tag{9-12}$$

式中：$\bar{F}_R$——虚设力状态时的支座反力；

c——结构实际的支座位移；

$\sum \bar{F}_R c$——支座反力虚功，当 $\bar{F}_R$ 与 c 方向一致时其乘积取正，反之为负。

式（9-12）为静定结构在支座位移时的位移计算公式。

【例9-5】图9-16（a）所示简支刚架支座 B 垂直下沉 b，试求由此引起的结点 C 处的水平位移 Δ_{Cx}。

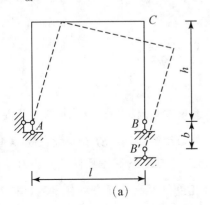
(a)

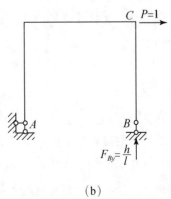
(b)

图9-16

【解】虚设力状态如图9-16（b）所示。因没有支座位移的支座反力不会做虚功。虚设力状态时的支座反力不用全部求出，只需将对应有支座位移的支座反力求出即可。下面由整体平衡条件计算支座 B 处的竖直反力。

$$\sum M_A = 0 \quad F_{By} = \frac{h}{l}$$

由式（9-12）可得

$$\Delta = -\sum \overline{F}_R c = -\left(-\frac{h}{l}b\right) = \frac{hb}{l}(\rightarrow)$$

结果为正，说明实际的位移方向与虚设的单位力方向相同，C 点的水平位移向右。

本章小结

本章主要学习了静定结构在荷载作用、支座位移时，结构位移的计算方法。

1. 单位荷载法

利用虚功原理求静定结构的位移，首先要确定两种状态：力状态和位移状态。通过虚设单位荷载作用下的平衡状态，利用虚功原理求解结构位移的方法称为单位荷载法。

2. 荷载作用下的位移计算

（1）梁和刚架。在梁和刚架中，位移主要是由弯曲变形引起的，轴向变形和剪切变形的影响很小，一般可以忽略不计。计算位移时可只取式（9-6）中的第二项：

$$\Delta_K = \sum \int \frac{M_P \overline{M}}{EI} \mathrm{d}s$$

（2）桁架。桁架结构杆件内力只有轴力，所以计算位移时只取式（9-6）中的第一项：

$$\Delta_K = \sum \int \frac{F_{NP} \overline{F}_N}{EA} \mathrm{d}s = \sum \frac{F_{NP} \overline{F}_N}{EA} l$$

（3）组合结构。在组合结构中，既有受弯杆件又有链杆，受弯杆件考虑弯曲变形，链杆考虑轴向变形。故位移计算公式为：

$$\Delta_K = \sum \int \frac{F_{NP} \overline{F}_N}{EA} \mathrm{d}s + \sum \int \frac{M_P \overline{M}}{EI} \mathrm{d}s$$

3. 图乘法

对荷载较复杂、杆件较多的结构来说，积分运算比较烦琐。对于梁或刚架在满足一定条件时，可以用图乘法计算。必须满足的条件是：杆件轴线为直线；EI 为常数；$\overline{M}$ 和 M_P 图中至少有一个为直线图形。对于均匀的等截面直杆来说，前两个条件可以满足；对第三个条件，$\overline{M}$ 图只有直线和折线两种情况，折线可分段为直线，因此第三个条件也可以得到满足。图乘法计算位移的公式为：

$$\Delta = \sum \frac{A_\omega y_C}{EI}$$

利用图乘法计算位移时，需要强调的是竖标 y_C 必须取自直线图形中；面积 A_ω 与竖标 y_C 在杆的同侧，$A_\omega y_C$ 取正号，否则取负号。

4. 支座位移引起的位移计算

在建筑结构中，地基的不均匀沉降会产生一定的支座位移。静定结构在支座位移时，不会产生内力和变形，因而 $\mathrm{d}\varphi$，$\mathrm{d}u$，$\gamma\mathrm{d}s$ 均为零。由静定结构位移计算一般公式可得支座位移引起的位移计算为

$$\Delta = -\sum \overline{F}_R c$$

思 考 题

1. 什么是虚功原理？
2. 单位荷载法的意义是什么？
3. 在荷载作用下，梁和刚架的位移计算为何只考虑弯曲变形？
4. 图乘法的条件是什么？在计算中要注意哪些问题？
5. 组合结构位移计算公式中，两项各自含义是什么？

习　题

9-1　简要回答变形体虚功原理与刚体虚功原理有何区别和联系。

9-2　简要说明位移计算公式 $\Delta_K = \sum \int \overline{F}_N \mathrm{d}u + \sum \int \overline{M}\mathrm{d}\varphi + \sum \int \overline{F}_S \gamma \mathrm{d}s - \sum \overline{F}_R c$ 的适用条件，以及各项的物理意义。

9-3　试用积分法计算如图9-17所示简支梁中点 C 的竖向位移 Δ_{yC} 和转角 φ_C，EI 为已知常量。

9-4　试用积分法计算如图9-18所示刚架 C 点的水平位移，EI 为常量。

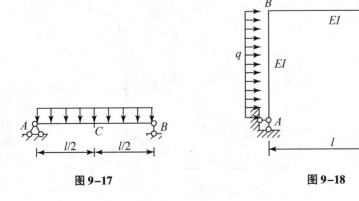

图 9-17　　　　　　　　　　　　　图 9-18

9-5　如图9-19所示的桁架各杆截面均为 $A = 2 \times 10^{-3}$ m^2, $E = 2.1 \times 10^8$ kN/m^2, $F_{\mathrm{P}} = 30$ kN, $d = 2$ m。试计算 C 点的竖向位移。

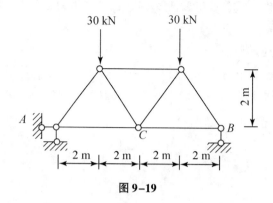

图9-19

9-6　试用图乘法计算如图9-20所示的悬臂梁 B 端的转角和竖向位移，EI 为常数。

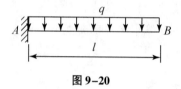

图9-20

9-7　试用图乘法计算如图9-21所示的简支梁中点的竖向位移，EI 为常数。

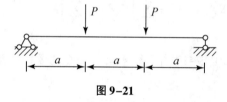

图9-21

9-8　试用图乘法计算如图9-22所示的刚架 A，B 两点的相对水平线位移，EI 为常数。

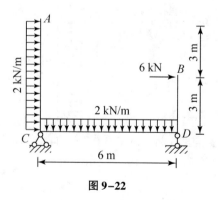

图9-22

9-9 求如图 9-23 所示 D 点竖向位移，已知各杆 EI 为常数。

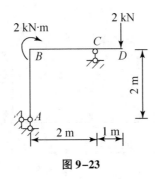

图 9-23

9-10 已知如图 9-24 所示的刚架，$EI = 2.1 \times 10^4 \ kN \cdot m^2$，$q = 10 \ kN/m$，求 B 点水平位移。

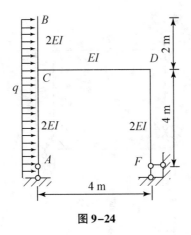

图 9-24

9-11 试用图乘法求如图 9-25 所示的结构铰 C 两侧截面的相对转角，各杆 EI 均为常数。

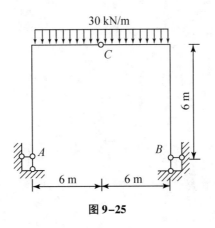

图 9-25

9-12　求如图9-26所示的组合结构 C 点竖向位移，杆件 EI 和 EA 为常数。

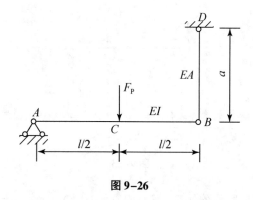

图9-26

9-13　如图9-27所示的刚架支座 B 水平移动 a，垂直下沉 b，试求由此引起的铰 C 两侧截面的相对转角。

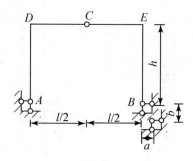

图9-27

参 考 文 献

1. 李前程，安学敏. 建筑力学. 2 版. 北京：高等教育出版社，2013.

2. 丁英. 建筑力学. 4 版. 北京：中国建筑工业出版社，2017.

3. 张庆霞，眭晓龙. 建筑力学与结构. 2 版. 北京：人民交通出版社，2013.

4. 张庆霞，金舜卿. 建筑力学. 武汉：华中科技大学出版社，2010.

5. 吴国平，等. 建筑力学. 北京：中央广播电视大学出版社，2005.

6. 邹林，杨永振. 工程力学与建筑结构. 2 版. 郑州：黄河水利出版社，2017.

7. 王伟明. 建筑力学. 北京：北京理工大学出版社，2018.

8. 黄凤珠，刘琳，朱卫东. 建筑力学. 北京：北京理工大学出版社，2017.

9. 贾影. 土木工程力学. 北京：中央广播电视大学出版社，2008.

10. 贾影. 结构力学. 北京：北京交通大学出版社，2012.

11. 贾影. 结构力学. 北京：机械工业出版社，2014.

附录 热轧型钢表（GB/T 706—2016）

1. 工字钢

工字钢截面图如附图 1 所示。

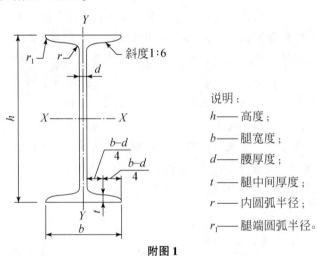

说明：

h——高度；

b——腿宽度；

d——腰厚度；

t——腿中间厚度；

r——内圆弧半径；

r_1——腿端圆弧半径。

附图 1

工字钢截面尺寸、截面面积、理论重量及截面特性如附表 1 所示。

附表 1　工字钢截面尺寸、截面面积、理论重量及截面特性

型号	截面尺寸/mm						截面面积/cm²	理论重量/(kg/m)	外表面积/(m²/m)	惯性矩/cm⁴		惯性半径/cm		截面模数/cm³	
	h	b	d	t	r	r_1				I_x	I_y	i_x	i_y	W_x	W_y
10	100	68	4.5	7.6	6.5	3.3	14.33	11.3	0.432	245	33.0	4.14	1.52	49.0	9.72
12	120	74	5.0	8.4	7.0	3.5	17.80	14.0	0.493	436	46.9	4.95	1.62	72.7	12.7
12.6	126	74	5.0	8.4	7.0	3.5	18.10	14.2	0.505	488	46.9	5.20	1.61	77.5	12.7
14	140	80	5.5	9.1	7.5	3.8	21.50	16.9	0.553	712	64.4	5.76	1.73	102	16.1
16	160	88	6.0	9.9	8.0	4.0	26.11	20.5	0.621	1 130	93.1	6.58	1.89	141	21.2
18	180	94	6.5	10.7	8.5	4.3	30.74	24.1	0.681	1 660	122	7.36	2.00	185	26.0
20a	200	100	7.0	11.4	9.0	4.5	35.55	27.9	0.742	2 370	158	8.15	2.12	237	31.5
20b		102	9.0				39.55	31.1	0.746	2 500	169	7.96	2.06	250	33.1

型号	截面尺寸/mm						截面面积/cm²	理论重量/(kg/m)	外表面积/(m²/m)	惯性矩/cm⁴		惯性半径/cm		截面模数/cm³	
	h	b	d	t	r	r_1				I_x	I_y	i_x	i_y	W_x	W_y
22a	220	110	7.5	12.3	9.5	4.8	42.10	33.1	0.817	3 400	225	8.99	2.31	309	40.9
22b		112	9.5				46.50	36.5	0.821	3 570	239	8.78	2.27	325	42.7
24a	240	116	8.0				47.71	37.5	0.878	4 570	280	9.77	2.42	381	48.4
24b		118	10.0	13.0	10.0	5.0	52.51	41.2	0.882	4 800	297	9.57	2.38	400	50.4
25a	250	116	8.0				48.51	38.1	0.898	5 020	280	10.2	2.40	402	48.3
25b		118	10.0				53.51	42.0	0.902	5 280	309	9.94	2.40	423	52.4
27a	270	122	8.5				54.52	42.8	0.958	6 550	345	10.9	2.51	485	56.6
27b		124	10.5	13.7	10.5	5.3	59.92	47.0	0.962	6 870	366	10.7	2.47	509	58.9
28a	280	122	8.5				55.37	43.5	0.978	7 110	345	11.3	2.50	508	56.6
28b		124	10.5				60.97	47.9	0.982	7 480	379	11.1	2.49	534	61.2
30a		126	9.0				61.22	48.1	1.031	8 950	400	12.1	2.55	597	63.5
30b	300	128	11.0	14.4	11.0	5.5	67.22	52.8	1.035	9 400	422	11.8	2.50	627	65.9
30c		130	13.0				73.22	57.5	1.039	9 850	445	11.6	2.46	657	68.5
32a		130	9.5				67.12	52.7	1.084	11 100	460	12.8	2.62	692	70.8
32b	320	132	11.5	15.0	11.5	5.8	73.52	57.7	1.088	11 600	502	12.6	2.61	726	76.0
32c		134	13.5				79.92	62.7	1.092	12 200	544	12.3	2.61	760	81.2
36a		136	10.0				76.44	60.0	1.185	15 800	552	14.4	2.69	875	81.2
36b	360	138	12.0	15.8	12.0	6.0	83.64	65.7	1.189	16 500	582	14.1	2.64	919	84.3
36c		140	14.0				90.84	71.3	1.193	17 300	612	13.8	2.60	962	87.4
40a		142	10.5				86.07	67.6	1.285	21 700	660	15.9	2.77	1 090	93.2
40b	400	144	12.5	16.5	12.5	6.3	94.07	73.8	1.289	22 800	692	15.6	2.71	1 140	96.2
40c		146	14.5				102.1	80.1	1.293	23 900	727	15.2	2.65	1 190	99.6
45a		150	11.5				102.4	80.4	1.411	32 200	855	17.7	2.89	1 430	114
45b	450	152	13.5	18.0	13.5	6.8	111.4	87.4	1.415	33 800	894	17.4	2.84	1 500	118
45c		154	15.5				120.4	94.5	1.419	35 300	938	17.1	2.79	1 570	122
50a		158	12.0				119.2	93.6	1.539	46 500	1 120	19.7	3.07	1 860	142
50b	500	160	14.0	20.0	14.0	7.0	129.2	101	1.543	48 600	1 170	19.4	3.01	1 940	146
50c		162	16.0				139.2	109	1.547	50 600	1 220	19.0	2.96	2 080	151
55a		166	12.5				134.1	105	1.667	62 900	1 370	21.6	3.19	2 290	164
55b	550	168	14.5	21.0	14.5	7.3	145.1	114	1.671	65 600	1 420	21.2	3.14	2 390	170
55c		170	16.5				156.1	123	1.675	68 400	1 480	20.9	3.08	2 490	175

型号	截面尺寸/mm						截面面积/cm²	理论重量/(kg/m)	外表面积/(m²/m)	惯性矩/cm⁴		惯性半径/cm		截面模数/cm³	
	h	b	d	t	r	r_1				I_x	I_y	i_x	i_y	W_x	W_y
56a		166	12.5				135.4	106	1.687	65 600	1 370	22.0	3.18	2 340	165
56b	560	168	14.5	21.0	14.5	7.3	146.6	115	1.691	68 500	1 490	21.6	3.16	2 450	174
56c		170	16.5				157.8	124	1.695	71 400	1 560	21.3	3.16	2 550	183
63a		176	13.0				154.6	121	1.862	93 900	1 700	24.5	3.31	2 980	193
63b	630	178	15.0	22.0	15.0	7.5	167.2	131	1.866	98 100	1 810	24.2	3.29	3 160	204
63c		180	17.0				179.8	141	1.870	102 000	1 920	23.8	3.27	3 300	214

注： 表中 r、r_1 的数据用于孔型设计，不做交货条件。

2. 槽钢

槽钢截面图如附图2所示。

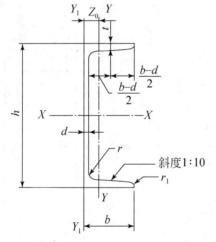

说明：

h —— 高度；

b —— 腿宽度；

d —— 腰厚度；

t —— 腿中间厚度；

r —— 内圆弧半径；

r_1 —— 腿端圆弧半径；

Z_0 —— 重心距离。

附图2

槽钢截面尺寸、截面面积、理论重量及截面特性如附表2所示。

附表2　槽钢截面尺寸、截面面积、理论重量及截面特性

型号	截面尺寸/mm						截面面积/cm²	理论重量/(kg/m)	外表面积/(m²/m)	惯性矩/cm⁴			惯性半径/cm		截面模数/cm³		重心距离/cm
	h	b	d	t	r	r_1				I_x	I_y	I_{y1}	i_x	i_y	W_x	W_y	Z_0
5	50	37	4.5	7.0	7.0	3.5	6.925	5.44	0.226	26.0	8.30	20.9	1.94	1.10	10.4	3.55	1.35
6.3	63	40	4.8	7.5	7.5	3.8	8.446	6.63	0.262	50.8	11.9	28.4	2.45	1.19	16.1	4.50	1.36
6.5	65	40	4.3	7.5	7.5	3.8	8.292	6.51	0.267	55.2	12.0	28.3	2.54	1.19	17.0	4.59	1.38

续表

型号	截面尺寸/mm						截面面积/cm²	理论重量/(kg/m)	外表面积/(m²/m)	惯性矩/cm⁴			惯性半径/cm		截面模数/cm³		重心距离/cm
	h	b	d	t	r	r_1				I_x	I_y	I_{y1}	i_x	i_y	W_x	W_y	Z_0
8	80	43	5.0	8.0	8.0	4.0	10.24	8.04	0.307	101	16.6	37.4	3.15	1.27	25.3	5.79	1.43
10	100	48	5.3	8.5	8.5	4.2	12.74	10.0	0.365	198	25.6	54.9	3.95	1.41	39.7	7.80	1.52
12	120	53	5.5	9.0	9.0	4.5	15.36	12.1	0.423	346	37.4	77.7	4.75	1.56	57.7	10.2	1.62
12.6	126	53	5.5	9.0	9.0	4.5	15.69	12.3	0.435	391	38.0	77.1	4.95	1.57	62.1	10.2	1.59
14a	140	58	6.0	9.5	9.5	4.8	18.51	14.5	0.480	564	53.2	107	5.52	1.70	80.5	13.0	1.71
14b	140	60	8.0	9.5	9.5	4.8	21.31	16.7	0.484	609	61.1	121	5.35	1.69	87.1	14.1	1.67
16a	160	63	6.5	10.0	10.0	5.0	21.95	17.2	0.538	866	73.3	144	6.28	1.83	108	16.3	1.80
16b	160	65	8.5	10.0	10.0	5.0	25.15	19.8	0.542	935	83.4	161	6.10	1.82	117	17.6	1.75
18a	180	68	7.0	10.5	10.5	5.2	25.69	20.2	0.596	1 270	98.6	190	7.04	1.96	141	20.0	1.88
18b	180	70	9.0	10.5	10.5	5.2	29.29	23.0	0.600	1 370	111	210	6.84	1.95	152	21.5	1.84
20a	200	73	7.0	11.0	11.0	5.5	28.83	22.6	0.654	1 780	128	244	7.86	2.11	178	24.2	2.01
20b	200	75	9.0	11.0	11.0	5.5	32.83	25.8	0.658	1 910	144	268	7.64	2.09	191	25.9	1.95
22a	220	77	7.0	11.5	11.5	5.8	31.83	25.0	0.709	2 390	158	298	8.67	2.23	218	28.2	2.10
22b	220	79	9.0	11.5	11.5	5.8	36.23	28.5	0.713	2 570	176	326	8.42	2.21	234	30.1	2.03
24a	240	78	7.0	12.0	12.0	6.0	34.21	26.9	0.752	3 050	174	325	9.45	2.25	254	30.5	2.10
24b	240	80	9.0	12.0	12.0	6.0	39.01	30.6	0.756	3 280	194	355	9.17	2.23	274	32.5	2.03
24c	240	82	11.0	12.0	12.0	6.0	43.81	34.4	0.760	3 510	213	388	8.96	2.21	293	34.4	2.00
25a	250	78	7.0	12.0	12.0	6.0	34.91	27.4	0.722	3 370	176	322	9.82	2.24	270	30.6	2.07
25b	250	80	9.0	12.0	12.0	6.0	39.91	31.3	0.776	3 530	196	353	9.41	2.22	282	32.7	1.98
25c	250	82	11.0	12.0	12.0	6.0	44.91	35.3	0.780	3 690	218	384	9.07	2.21	295	35.9	1.92
27a	270	82	7.5	12.5	12.5	6.2	39.27	30.8	0.826	4 360	216	393	10.5	2.34	323	35.5	2.13
27b	270	84	9.5	12.5	12.5	6.2	44.67	35.1	0.830	4 690	239	428	10.3	2.31	347	37.7	2.06
27c	270	86	11.5	12.5	12.5	6.2	50.07	39.3	0.834	5 020	261	467	10.1	2.28	372	39.8	2.03
28a	280	82	7.5	12.5	12.5	6.2	40.02	31.4	0.846	4 760	218	388	10.9	2.33	340	35.7	2.10
28b	280	84	9.5	12.5	12.5	6.2	45.62	35.8	0.850	5 130	242	428	10.6	2.30	366	37.9	2.02
28c	280	86	11.5	12.5	12.5	6.2	51.22	40.2	0.854	5 500	268	463	10.4	2.29	393	40.3	1.95
30a	300	85	7.5	13.5	13.5	6.8	43.89	34.5	0.897	6 050	260	467	11.7	2.43	403	41.1	2.17
30b	300	87	9.5	13.5	13.5	6.8	49.89	39.2	0.901	6 500	289	515	11.4	2.41	433	44.0	2.13
30c	300	89	11.5	13.5	13.5	6.8	55.89	43.9	0.905	6 950	316	560	11.2	2.38	463	46.4	2.09

续表

型号	截面尺寸/mm						截面面积/cm²	理论重量/(kg/m)	外表面积/(m²/m)	惯性矩/cm⁴			惯性半径/cm		截面模数/cm³		重心距离/cm
	h	b	d	t	r	r_1				I_x	I_y	I_{y1}	i_x	i_y	W_x	W_y	Z_0
32a		88	8.0				48.50	38.1	0.947	7 600	305	552	12.5	2.50	475	46.5	2.24
32b	320	90	10.0	14.0	14.0	7.0	54.90	43.1	0.951	8 140	336	593	12.2	2.47	509	49.2	2.16
32c		92	12.0				61.30	48.1	0.955	8 690	374	643	11.9	2.47	543	52.6	2.09
36a		96	9.0				60.89	47.8	1.053	11 900	455	818	14.0	2.73	660	63.5	2.44
36b	360	98	11.0	16.0	16.0	8.0	68.09	53.5	1.057	12 700	497	880	13.6	2.70	703	66.9	2.37
36c		100	13.0				75.29	59.1	1.061	13 400	536	948	13.4	2.67	746	70.0	2.34
40a		100	10.5				75.04	58.9	1.144	17 600	592	1 070	15.3	2.81	879	78.8	2.49
40b	400	102	12.5	18.0	18.0	9.0	83.04	65.2	1.148	18 600	640	1 140	15.0	2.78	932	82.5	2.44
40c		104	14.5				91.04	71.5	1.152	19 700	688	1 220	14.7	2.75	986	86.2	2.42

注：表中 r、r_1 的数据用于孔型设计，不做交货条件。

3. 等边角钢

等边角钢截面图如附图 3 所示。

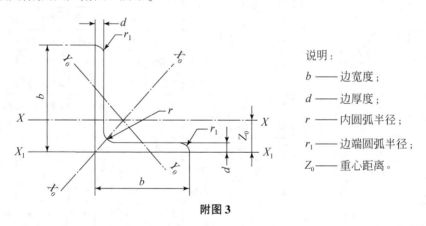

说明：

b —— 边宽度；

d —— 边厚度；

r —— 内圆弧半径；

r_1 —— 边端圆弧半径；

Z_0 —— 重心距离。

附图 3

等边角钢截面尺寸、截面面积、理论重量及截面特性如附表 3 所示。

附表 3　等边角钢截面尺寸、截面面积、理论重量及截面特性

型号	截面尺寸/mm			截面面积/cm²	理论重量/(kg/m)	外表面积/(m²/m)	惯性矩/cm⁴				惯性半径/cm			截面模数/cm³			重心距离/cm
	b	d	r				I_x	I_{x1}	I_{x0}	I_{y0}	i_x	i_{x0}	i_{y0}	W_x	W_{x0}	W_{y0}	Z_0
2	20	3	3.5	1.132	0.89	0.078	0.40	0.81	0.63	0.17	0.59	0.75	0.39	0.29	0.45	0.20	0.60
		4		1.459	1.15	0.077	0.50	1.09	0.78	0.22	0.58	0.73	0.38	0.36	0.55	0.24	0.64

续表

型号	截面尺寸/mm			截面面积/cm²	理论重量/(kg/m)	外表面积/(m²/m)	惯性矩/cm⁴				惯性半径/cm			截面模数/cm³			重心距离/cm
	b	d	r				I_x	I_{x1}	I_{x0}	I_{y0}	i_x	i_{x0}	i_{y0}	W_x	W_{x0}	W_{y0}	Z_0
2.5	25	3	3.5	1.432	1.12	0.098	0.82	1.57	1.29	0.34	0.76	0.95	0.49	0.46	0.73	0.33	0.73
		4		1.859	1.46	0.097	1.03	2.11	1.62	0.43	0.74	0.93	0.48	0.59	0.92	0.40	0.76
3.0	30	3	4.5	1.749	1.37	0.117	1.46	2.71	2.31	0.61	0.91	1.15	0.59	0.68	1.09	0.51	0.85
		4		2.276	1.79	0.117	1.84	3.63	2.92	0.77	0.90	1.13	0.58	0.87	1.37	0.62	0.89
3.6	36	3	4.5	2.109	1.66	0.141	2.58	4.68	4.09	1.07	1.11	1.39	0.71	0.99	1.61	0.76	1.00
		4		2.756	2.16	0.141	3.29	6.25	5.22	1.37	1.09	1.38	0.70	1.28	2.05	0.93	1.04
		5		3.382	2.65	0.141	3.95	7.84	6.24	1.65	1.08	1.36	0.7	1.56	2.45	1.00	1.07
4	40	3	5	2.359	1.85	0.157	3.59	6.41	5.69	1.49	1.23	1.55	0.79	1.23	2.01	0.96	1.09
		4		3.086	2.42	0.157	4.60	8.56	7.29	1.91	1.22	1.54	0.79	1.60	2.58	1.19	1.13
		5		3.792	2.98	0.156	5.53	10.7	8.76	2.30	1.21	1.52	0.78	1.96	3.10	1.39	1.17
4.5	45	3	5	2.659	2.09	0.177	5.17	9.12	8.20	2.14	1.40	1.76	0.89	1.58	2.58	1.24	1.22
		4		3.486	2.74	0.177	6.65	12.2	10.6	2.75	1.38	1.74	0.89	2.05	3.32	1.54	1.26
		5		4.292	3.37	0.176	8.04	15.2	12.7	3.33	1.37	1.72	0.88	2.51	4.00	1.81	1.30
		6		5.077	3.99	0.176	9.33	18.4	14.8	3.89	1.36	1.70	0.80	2.95	4.64	2.06	1.33
5	50	3	5.5	2.971	2.33	0.197	7.18	12.5	11.4	2.98	1.55	1.96	1.00	1.96	3.22	1.57	1.34
		4		3.897	3.06	0.197	9.26	16.7	14.7	3.82	1.54	1.94	0.99	2.56	4.16	1.96	1.38
		5		4.803	3.77	0.196	11.2	20.9	17.8	4.64	1.53	1.92	0.98	3.13	5.03	2.31	1.42
		6		5.688	4.46	0.196	13.1	25.1	20.7	5.42	1.52	1.91	0.98	3.68	5.85	2.63	1.46
5.6	56	3	6	3.343	2.62	0.221	10.2	17.6	16.1	4.24	1.75	2.20	1.13	2.48	4.08	2.02	1.48
		4		4.39	3.45	0.220	13.2	23.4	20.9	5.46	1.73	2.18	1.11	3.24	5.28	2.52	1.53
		5		5.415	4.25	0.220	16.0	29.3	25.4	6.61	1.72	2.17	1.10	3.97	6.42	2.98	1.57
		6		6.42	5.04	0.220	18.7	35.3	29.7	7.73	1.71	2.15	1.10	4.68	7.49	3.40	1.61
		7		7.404	5.81	0.219	21.2	41.2	33.6	8.82	1.69	2.13	1.09	5.36	8.49	3.80	1.64
		8		8.367	6.57	0.219	23.6	47.2	37.4	9.89	1.68	2.11	1.09	6.03	9.44	4.16	1.68
6	60	5	6.5	5.829	4.58	0.236	19.9	36.1	31.6	8.21	1.85	2.33	1.19	4.59	7.44	3.48	1.67
		6		6.914	5.43	0.235	23.4	43.3	36.9	9.60	1.83	2.31	1.18	5.41	8.70	3.98	1.70
		7		7.977	6.26	0.235	26.4	50.7	41.9	11.0	1.82	2.29	1.17	6.21	9.88	4.45	1.74
		8		9.02	7.08	0.235	29.5	58.0	46.7	12.3	1.81	2.27	1.17	6.98	11.0	4.88	1.78

型号	截面尺寸/mm			截面面积/cm²	理论重量/(kg/m)	外表面积/(m²/m)	惯性矩/cm⁴				惯性半径/cm			截面模数/cm³			重心距离/cm
	b	d	r				I_x	I_{x1}	I_{x0}	I_{y0}	i_x	i_{x0}	i_{y0}	W_x	W_{x0}	W_{y0}	Z_0
6.3	63	4	7	4.978	3.91	0.248	19.0	33.4	30.2	7.89	1.96	2.46	1.26	4.13	6.78	3.29	1.70
		5		6.143	4.82	0.248	23.2	41.7	36.8	9.57	1.94	2.45	1.25	5.08	8.25	3.90	1.74
		6		7.288	5.72	0.247	27.1	50.1	43.0	11.2	1.93	2.43	1.24	6.00	9.66	4.46	1.78
		7		8.412	6.60	0.247	30.9	58.6	49.0	12.8	1.92	2.41	1.23	6.88	11.0	4.98	1.82
		8		9.515	7.47	0.247	34.5	67.1	54.6	14.3	1.90	2.40	1.23	7.75	12.3	5.47	1.85
		10		11.66	9.15	0.246	41.1	84.3	64.9	17.3	1.88	2.36	1.22	9.39	14.6	6.36	1.93
7	70	4	8	5.570	4.37	0.275	26.4	45.7	41.8	11.0	2.18	2.74	1.40	5.14	8.44	4.17	1.86
		5		6.876	5.40	0.275	32.2	57.2	51.1	13.3	2.16	2.73	1.39	6.32	10.3	4.95	1.91
		6		8.160	6.41	0.275	37.8	68.7	59.9	15.6	2.15	2.71	1.38	7.48	12.1	5.67	1.95
		7		9.424	7.40	0.275	43.1	80.3	68.4	17.8	2.14	2.69	1.38	8.59	13.8	6.34	1.99
		8		10.67	8.37	0.274	48.2	91.9	76.4	20.0	2.12	2.68	1.37	9.68	15.4	6.98	2.03
7.5	75	5	9	7.412	5.82	0.295	40.0	70.6	63.3	16.6	2.33	2.92	1.50	7.32	11.9	5.77	2.04
		6		8.797	6.91	0.294	47.0	84.6	74.4	19.5	2.31	2.90	1.49	8.64	14.0	6.67	2.07
		7		10.16	7.98	0.294	53.6	98.7	85.0	22.2	2.30	2.89	1.48	9.93	16.0	7.44	2.11
		8		11.50	9.03	0.294	60.0	113	95.1	24.9	2.28	2.88	1.47	11.2	17.9	8.19	2.15
		9		12.83	10.1	0.294	66.1	127	105	27.5	2.27	2.86	1.46	12.4	19.8	8.89	2.18
		10		14.13	11.1	0.293	72.0	142	114	30.1	2.26	2.84	1.46	13.6	21.5	9.56	2.22
8	80	5	9	7.912	6.21	0.315	48.8	85.4	77.3	20.3	2.48	3.13	1.60	8.34	13.7	6.66	2.15
		6		9.397	7.38	0.314	57.4	103	91.0	23.7	2.47	3.11	1.59	9.87	16.1	7.65	2.19
		7		10.86	8.53	0.314	65.6	120	104	27.1	2.46	3.10	1.58	11.4	18.4	8.58	2.23
		8		12.30	9.66	0.314	73.5	137	117	30.4	2.44	3.08	1.57	12.8	20.6	9.46	2.27
		9		13.73	10.8	0.314	81.1	154	129	33.6	2.43	3.06	1.56	14.3	22.7	10.3	2.31
		10		15.13	11.9	0.313	88.4	172	140	36.8	2.42	3.04	1.56	15.6	24.8	11.1	2.35
9	90	6	10	10.64	8.35	0.354	82.8	146	131	34.3	2.79	3.51	1.80	12.6	20.6	9.95	2.44
		7		12.30	9.66	0.354	94.8	170	150	39.2	2.78	3.50	1.78	14.5	23.6	11.2	2.48
		8		13.94	10.9	0.353	106	195	169	44.0	2.76	3.48	1.78	16.4	26.6	12.4	2.52
		9		15.57	12.2	0.353	118	219	187	48.7	2.75	3.46	1.77	18.3	29.4	13.5	2.56
		10		17.17	13.5	0.353	129	244	204	53.3	2.74	3.45	1.76	20.1	32.0	14.5	2.59
		12		20.31	15.9	0.352	149	294	236	62.2	2.71	3.41	1.75	23.6	37.1	16.5	2.67

续表

型号	截面尺寸/mm			截面面积/cm²	理论重量/(kg/m)	外表面积/(m²/m)	惯性矩/cm⁴				惯性半径/cm			截面模数/cm³			重心距离/cm
	b	d	r				I_x	I_{x1}	I_{x0}	I_{y0}	i_x	i_{x0}	i_{y0}	W_x	W_{x0}	W_{y0}	Z_0
10	100	6	12	11.93	9.37	0.393	115	200	182	47.9	3.10	3.90	2.00	15.7	25.7	12.7	2.67
		7		13.80	10.8	0.393	132	234	209	54.7	3.09	3.89	1.99	18.1	29.6	14.3	2.71
		8		15.64	12.3	0.393	148	267	235	61.4	3.08	3.88	1.98	20.5	33.2	15.8	2.76
		9		17.46	13.7	0.392	164	300	260	68.0	3.07	3.86	1.97	22.8	36.8	17.2	2.80
		10		19.26	15.1	0.392	180	334	285	74.4	3.05	3.84	1.96	25.1	40.3	18.5	2.84
		12		22.80	17.9	0.391	209	402	331	86.8	3.03	3.81	1.95	29.5	46.8	21.1	2.91
		14		26.26	20.6	0.391	237	471	374	99.0	3.00	3.77	1.94	33.7	52.9	23.4	2.99
		16		29.63	23.3	0.390	263	540	414	111	2.98	3.74	1.94	37.8	58.6	25.6	3.06
11	110	7	12	15.20	11.9	0.433	177	311	281	73.4	3.41	4.30	2.20	22.1	36.1	17.5	2.96
		8		17.24	13.5	0.433	199	355	316	82.4	3.40	4.28	2.19	25.0	40.7	19.4	3.01
		10		21.26	16.7	0.432	242	445	384	100	3.38	4.25	2.17	30.6	49.4	22.9	3.09
		12		25.20	19.8	0.431	283	535	448	117	3.35	4.22	2.15	36.1	57.6	26.2	3.16
		14		29.06	22.8	0.431	321	625	508	133	3.32	4.18	2.14	41.3	65.3	29.1	3.24
12.5	125	8	12	19.75	15.5	0.492	297	521	471	123	3.88	4.88	2.50	32.5	53.3	25.9	3.37
		10		24.37	19.1	0.491	362	652	574	149	3.85	4.85	2.48	40.0	64.9	30.6	3.45
		12		28.91	22.7	0.491	423	783	671	175	3.83	4.82	2.46	41.2	76.0	35.0	3.53
		14		33.37	26.2	0.490	482	916	764	200	3.80	4.78	2.45	54.2	86.4	39.1	3.61
		16		37.74	29.6	0.489	537	1 050	851	224	3.77	4.75	2.43	60.9	96.3	43.0	3.68
14	140	10	14	27.37	21.5	0.551	515	915	817	212	4.34	5.46	2.78	50.6	82.6	39.2	3.82
		12		32.51	25.5	0.551	604	1 100	959	249	4.31	5.43	2.76	59.8	96.9	45.0	3.90
		14		37.57	29.5	0.550	689	1 280	1 090	284	4.28	5.40	2.75	68.8	110	50.5	3.98
		16		42.54	33.4	0.549	770	1 470	1 220	319	4.26	5.36	2.74	77.5	123	55.6	4.06
15	150	8	14	23.75	18.6	0.592	521	900	827	215	4.69	5.90	3.01	47.4	78.0	38.1	3.99
		10		29.37	23.1	0.591	638	1 130	1 010	262	4.66	5.87	2.99	58.4	95.5	45.5	4.08
		12		34.91	27.4	0.591	749	1 350	1 190	308	4.63	5.84	2.97	69.0	112	52.4	4.15
		14		40.37	31.7	0.590	856	1 580	1 360	352	4.60	5.80	2.95	79.5	128	58.8	4.23
		15		43.06	33.8	0.590	907	1 690	1 440	374	4.59	5.78	2.95	84.6	136	61.9	4.27
		16		45.74	35.9	0.589	958	1 810	1 520	395	4.58	5.77	2.94	89.6	143	64.9	4.31

续表

型号	截面尺寸/mm			截面面积/cm²	理论重量/(kg/m)	外表面积/(m²/m)	惯性矩/cm⁴				惯性半径/cm			截面模数/cm³			重心距离/cm
	b	d	r				I_x	I_{x1}	I_{x0}	I_{y0}	i_x	i_{x0}	i_{y0}	W_x	W_{x0}	W_{y0}	Z_0
16	160	10	16	31.50	24.7	0.630	780	1 370	1 240	322	4.98	6.27	3.20	66.7	109	52.8	4.31
		12		37.44	29.4	0.630	917	1 640	1 460	377	4.95	6.24	3.18	79.0	129	60.7	4.39
		14		43.30	34.0	0.629	1 050	1 910	1 670	432	4.92	6.20	3.16	91.0	147	68.2	4.47
		16		49.07	38.5	0.629	1 180	2 190	1 870	485	4.89	6.17	3.14	103	165	75.3	4.55
18	180	12		42.24	33.2	0.710	1 320	2 330	2 100	543	5.59	7.05	3.58	101	165	78.4	4.89
		14		48.90	38.4	0.709	1 510	2 720	2 410	622	5.56	7.02	3.56	116	189	88.4	4.97
		16		55.47	43.5	0.709	1 700	3 120	2 700	699	5.54	6.98	3.55	131	212	97.8	5.05
		18		61.96	48.6	0.708	1 880	3 500	2 990	762	5.50	6.94	3.51	146	235	105	5.13
20	200	14	18	54.64	42.9	0.788	2 100	3 730	3 340	864	6.20	7.82	3.98	145	236	112	5.46
		16		62.01	48.7	0.788	2 370	4 270	3 760	971	6.18	7.79	3.96	164	266	124	5.54
		18		69.30	54.4	0.787	2 620	4 810	4 160	1 080	6.15	7.75	3.94	182	294	136	5.62
		20		76.51	60.1	0.787	2 870	5 350	4 550	1 180	6.12	7.72	3.93	200	322	147	5.69
		24		90.66	71.2	0.785	3 340	6 460	5 290	1 380	6.07	7.64	3.90	236	374	167	5.87
22	220	16	21	68.67	53.9	0.866	3 190	5 680	5 060	1 310	6.81	8.59	4.37	200	326	154	6.03
		18		76.75	60.3	0.866	3 540	6 400	5 620	1 450	6.79	8.55	4.35	223	361	168	6.11
		20		84.76	66.5	0.865	3 870	7 110	6 150	1 590	6.76	8.52	4.34	245	395	182	6.18
		22		92.68	72.8	0.865	4 200	7 830	6 670	1 730	6.73	8.48	4.32	267	429	195	6.26
		24		100.5	78.9	0.864	4 520	8 550	7 170	1 870	6.71	8.45	4.31	289	461	208	6.33
		26		108.3	85.0	0.864	4 830	9 280	7 690	2 000	6.68	8.41	4.30	310	492	221	6.41
25	250	18	24	87.84	69.0	0.985	5 270	9 380	8 370	2 170	7.75	9.76	4.97	290	473	224	6.84
		20		97.05	76.2	0.984	5 780	10 400	9 180	2 380	7.72	9.73	4.95	320	519	243	6.92
		22		106.2	83.3	0.983	6 280	11 500	9 970	2 580	7.69	9.69	4.93	349	564	261	7.00
		24		115.2	90.4	0.983	6 770	12 500	10 700	2 790	7.67	9.66	4.92	378	608	278	7.07
		26		124.2	97.5	0.982	7 240	13 600	11 500	2 980	7.64	9.62	4.90	406	650	295	7.15
		28		133.0	104	0.982	7 700	14 600	12 200	3 180	7.61	9.58	4.89	433	691	311	7.22
		30		141.8	111	0.981	8 160	15 700	12 900	3 380	7.58	9.55	4.88	461	731	327	7.30
		32		150.5	118	0.981	8 600	16 800	13 600	3 570	7.56	9.51	4.87	488	770	342	7.37
		35		163.4	128	0.980	9 240	18 400	14 600	3 850	7.52	9.46	4.86	527	827	364	7.48

注：截面图中的 $r_1 = 1/3d$ 及表中 r 的数据用于孔型设计，不做交货条件。

4. 不等边角钢

不等边角钢截面图如附图 4 所示。

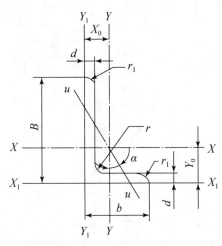

说明：

B —— 长边宽度；

b —— 短边宽度；

d —— 边厚度；

r —— 内圆弧半径；

r_1 —— 边端圆弧半径；

X_0 —— 重心距离；

Y_0 —— 重心距离。

附图 4

不等边角钢截面尺寸、截面面积、理论重量及截面特性如附表 4 所示。

附表4 不等边角钢截面尺寸、截面面积、理论重量及截面特性

型号	截面尺寸/mm				截面面积/cm²	理论重量/(kg/m)	外表面积/(m²/m)	惯性矩/cm⁴					惯性半径/cm			截面模数/cm³			tanα	重心距离/cm	
	B	b	d	r	cm²	(kg/m)	(m²/m)	I_x	I_{x1}	I_y	I_{y1}	I_u	i_x	i_y	i_u	W_x	W_y	W_u		X_0	Y_0
2.5/1.6	25	16	3	3.5	1.162	0.91	0.080	0.70	1.56	0.22	0.43	0.14	0.78	0.44	0.34	0.43	0.19	0.16	0.392	0.42	0.86
			4		1.499	1.18	0.079	0.88	2.09	0.27	0.59	0.17	0.77	0.43	0.34	0.55	0.24	0.20	0.381	0.46	0.90
3.2/2	32	20	3		1.492	1.17	0.102	1.53	3.27	0.46	0.82	0.28	1.01	0.55	0.43	0.72	0.30	0.25	0.382	0.49	1.08
			4		1.939	1.52	0.101	1.93	4.37	0.57	1.12	0.35	1.00	0.54	0.42	0.93	0.39	0.32	0.374	0.53	1.12
4/2.5	40	25	3	4	1.890	1.48	0.127	3.08	5.39	0.93	1.59	0.56	1.28	0.70	0.54	1.15	0.49	0.40	0.385	0.59	1.32
			4		2.467	1.94	0.127	3.93	8.53	1.18	2.14	0.71	1.36	0.69	0.54	1.49	0.63	0.52	0.381	0.63	1.37
4.5/2.8	45	28	3	5	2.149	1.69	0.143	4.45	9.10	1.34	2.23	0.80	1.44	0.79	0.61	1.47	0.62	0.51	0.383	0.64	1.47
			4		2.806	2.20	0.143	5.69	12.1	1.70	3.00	1.02	1.42	0.78	0.60	1.91	0.80	0.66	0.380	0.68	1.51
5/3.2	50	32	3	5.5	2.431	1.91	0.161	6.24	12.5	2.02	3.31	1.20	1.60	0.91	0.70	1.84	0.82	0.68	0.404	0.73	1.60
			4		3.177	2.49	0.160	8.02	16.7	2.58	4.45	1.53	1.59	0.90	0.69	2.39	1.06	0.87	0.402	0.77	1.65
5.6/3.6	56	36	3	6	2.743	2.15	0.181	8.88	17.5	2.92	4.7	1.73	1.80	1.03	0.79	2.32	1.05	0.87	0.408	0.80	1.78
			4		3.590	2.82	0.180	11.5	23.4	3.76	6.33	2.23	1.79	1.02	0.79	3.03	1.37	1.13	0.408	0.85	1.82
			5		4.415	3.47	0.180	13.9	29.3	4.49	7.94	2.67	1.77	1.01	0.78	3.71	1.65	1.36	0.404	0.88	1.87
6.3/4	63	40	4	7	4.058	3.19	0.202	16.5	33.3	5.23	8.63	3.12	2.02	1.14	0.88	3.87	2.07	1.40	0.398	0.92	2.04
			5		4.993	3.92	0.202	20.0	41.6	6.31	10.9	3.76	2.00	1.12	0.87	4.74	2.43	1.71	0.396	0.95	2.08
			6		5.908	4.64	0.201	23.4	50.0	7.29	13.1	4.34	1.96	1.11	0.86	5.59	2.78	1.99	0.393	0.99	2.12
			7		6.802	5.34	0.201	26.5	58.1	8.24	15.5	4.97	1.98	1.10	0.86	6.40	2.17	2.29	0.389	1.03	2.15
7/4.5	70	45	4	7.5	4.553	3.57	0.226	23.2	45.9	7.55	12.3	4.40	2.26	1.29	0.98	4.86	2.65	1.77	0.410	1.02	2.24
			5		5.609	4.40	0.225	28.0	57.1	9.13	15.4	5.40	2.23	1.28	0.98	5.92	3.12	2.19	0.407	1.06	2.28
			6		6.644	5.22	0.225	32.5	68.4	10.6	18.6	6.35	2.21	1.26	0.98	6.95	3.57	2.59	0.404	1.09	2.32
			7		7.658	6.01	0.225	37.2	80.0	12.0	21.8	7.16	2.20	1.25	0.97	8.03		2.94	0.402	1.13	2.36

续表

型号	截面尺寸/mm				截面面积/cm²	理论重量/(kg/m)	外表面积/(m²/m)	惯性矩/cm⁴					惯性半径/cm			截面模数/cm³			tanα	重心距离/cm	
	B	b	d	r	cm²	(kg/m)	(m²/m)	I_x	I_{x1}	I_y	I_{y1}	I_u	i_x	i_y	i_u	W_x	W_y	W_u		X_0	Y_0
7.5/5	75	50	5	8	6.126	4.81	0.245	34.9	70.0	12.6	21.0	7.41	2.39	1.44	1.10	6.83	3.3	2.74	0.435	1.17	2.40
			6	8	7.260	5.70	0.245	41.1	84.3	14.7	25.4	8.54	2.38	1.42	1.08	8.12	3.38	3.19	0.435	1.21	2.44
			8	8	9.467	7.43	0.244	52.4	113	18.5	34.2	10.9	2.35	1.40	1.07	10.5	4.99	4.10	0.429	1.29	2.52
			10	8	11.59	9.10	0.244	62.7	141	22.0	43.4	13.1	2.33	1.38	1.06	12.8	6.04	4.99	0.423	1.36	2.60
8/5	80	50	5	8	6.376	5.00	0.255	42.0	85.2	12.8	21.1	7.66	2.56	1.42	1.10	7.78	3.32	2.74	0.388	1.14	2.60
			6	8	7.560	5.93	0.255	49.5	103	15.0	25.4	8.85	2.56	1.41	1.08	9.25	3.91	3.20	0.387	1.18	2.65
			7	8	8.724	6.85	0.255	56.2	119	17.0	29.8	10.2	2.54	1.39	1.08	10.6	4.48	3.70	0.384	1.21	2.69
			8	8	9.867	7.75	0.254	62.8	136	18.9	34.3	11.4	2.52	1.38	1.07	11.9	5.03	4.16	0.381	1.25	2.73
9/5.6	90	56	5	9	7.212	5.66	0.287	60.5	121	18.3	29.5	11.0	2.90	1.59	1.23	9.92	4.21	3.49	0.385	1.25	2.91
			6	9	8.557	6.72	0.286	71.0	146	21.4	35.6	12.9	2.88	1.58	1.23	11.7	4.96	4.13	0.384	1.29	2.95
			7	9	9.881	7.76	0.286	81.0	170	24.4	41.7	14.7	2.86	1.57	1.22	13.5	5.70	4.72	0.382	1.33	3.00
			8	9	11.18	8.78	0.286	91.0	194	27.2	47.9	16.3	2.85	1.56	1.21	15.3	6.41	5.29	0.380	1.36	3.04
10/6.3	100	63	6	10	9.618	7.55	0.320	99.1	200	30.9	50.5	18.4	3.21	1.79	1.38	14.6	6.35	5.25	0.394	1.43	3.24
			7	10	11.11	8.72	0.320	113	233	35.3	59.1	21.0	3.20	1.78	1.38	16.9	7.29	6.02	0.394	1.47	3.28
			8	10	12.58	9.88	0.319	127	266	39.4	67.9	23.5	3.18	1.77	1.37	19.1	8.21	6.78	0.391	1.50	3.32
			10	10	15.47	12.1	0.319	154	333	47.1	85.7	28.3	3.15	1.74	1.35	23.3	9.98	8.24	0.387	1.58	3.40
10/8	100	80	6	10	10.64	8.35	0.354	107	200	61.2	103	31.7	3.17	2.40	1.72	15.2	10.2	8.37	0.627	1.97	2.95
			7	10	12.30	9.66	0.354	123	233	70.1	120	36.2	3.16	2.39	1.72	17.5	11.7	9.60	0.626	2.01	3.00
			8	10	13.94	10.9	0.353	138	267	78.6	137	40.6	3.14	2.37	1.71	19.8	13.2	10.8	0.625	2.05	3.04
			10	10	17.17	13.5	0.353	167	334	94.7	172	49.1	3.12	2.35	1.69	24.2	16.1	13.1	0.622	2.13	3.12

续表

型号	截面尺寸/mm				截面面积/cm²	理论重量/(kg/m)	外表面积/(m²/m)	惯性矩/cm⁴					惯性半径/cm			截面模数/cm³			tanα	重心距离/cm	
	B	b	d	r				I_x	I_{x1}	I_y	I_{y1}	I_u	i_x	i_y	i_u	W_x	W_y	W_u		X_0	Y_0
11/7	110	70	6	10	10.64	8.35	0.354	133	266	42.9	69.1	25.4	3.54	2.01	1.54	17.9	7.90	6.53	0.403	1.57	3.53
			7		12.30	9.66	0.354	153	310	49.0	80.8	29.0	3.53	2.00	1.53	20.6	9.09	7.50	0.402	1.61	3.57
			8		13.94	10.9	0.353	172	354	54.9	92.7	32.5	3.51	1.98	1.53	23.3	10.3	8.45	0.401	1.65	3.62
			10		17.17	13.5	0.353	208	443	65.9	117	39.2	3.48	1.96	1.51	28.5	12.5	10.3	0.397	1.72	3.70
12.5/8	125	80	7	11	14.10	11.1	0.403	228	455	74.4	120	43.8	4.02	2.30	1.76	26.9	12.0	9.92	0.408	1.80	4.01
			8		15.99	12.6	0.403	257	520	83.5	138	49.2	4.01	2.28	1.75	30.4	13.6	11.2	0.407	1.84	4.06
			10		19.71	15.5	0.402	312	650	101	173	59.5	3.98	2.26	1.74	37.3	16.6	13.6	0.404	1.92	4.14
			12		23.35	18.3	0.402	364	780	117	210	69.4	3.95	2.24	1.72	44.0	19.4	16.0	0.400	2.00	4.22
14/9	140	90	8	12	18.04	14.2	0.453	366	731	121	196	70.8	4.50	2.59	1.98	38.5	17.3	14.3	0.411	2.04	4.50
			10		22.26	17.5	0.452	446	913	140	246	85.8	4.47	2.56	1.96	47.3	21.2	17.5	0.409	2.12	4.58
			12		26.40	20.7	0.451	522	1 100	170	297	100	4.44	2.54	1.95	55.9	25.0	20.5	0.406	2.19	4.66
			14		30.46	23.9	0.451	594	1 280	192	349	114	4.42	2.51	1.94	64.2	28.5	23.5	0.403	2.27	4.74
15/9	150	90	8	12	18.84	14.8	0.473	442	898	123	196	74.1	4.84	2.55	1.98	43.9	17.5	14.5	0.364	1.97	4.92
			10		23.26	18.3	0.472	539	1 120	149	246	89.9	4.81	2.53	1.97	54.0	21.4	17.7	0.362	2.05	5.01
			12		27.60	21.7	0.471	632	1 350	173	297	105	4.79	2.50	1.95	63.8	25.1	20.8	0.359	2.12	5.09
			14		31.86	25.0	0.471	721	1 570	196	350	120	4.76	2.48	1.94	73.3	28.8	23.8	0.356	2.20	5.17
			15		33.95	26.7	0.471	764	1 680	207	376	127	4.74	2.47	1.93	78.0	30.5	25.3	0.354	2.24	5.21
			16		36.03	28.3	0.470	806	1 800	217	403	134	4.73	2.45	1.93	82.6	32.3	26.8	0.352	2.27	5.25
16/10	160	100	10	13	25.32	19.9	0.512	669	1 360	205	337	122	5.14	2.85	2.19	62.1	26.6	21.9	0.390	2.28	5.24
			12		30.05	23.6	0.511	785	1 640	239	406	142	5.11	2.82	2.17	73.5	31.3	25.8	0.388	2.36	5.32
			14		34.71	27.2	0.510	896	1 910	271	476	162	5.08	2.80	2.16	84.6	35.8	29.6	0.385	2.43	5.40
			16		39.28	30.8	0.510	1 000	2 180	302	548	183	5.05	2.77	2.16	95.3	40.2	33.4	0.382	2.51	5.48

续表

型号	截面尺寸/mm				截面面积/cm²	理论重量/(kg/m)	外表面积/(m²/m)	惯性矩/cm⁴					惯性半径/cm			截面模数/cm³			tanα	重心距离/cm	
	B	b	d	r	cm²	(kg/m)	(m²/m)	I_x	I_{x1}	I_y	I_{y1}	I_u	i_x	i_y	i_u	W_x	W_y	W_u		X_0	Y_0
18/11	180	110	10	14	28.37	22.3	0.571	956	1 940	278	447	167	5.80	3.13	2.42	79.0	32.5	26.9	0.376	2.44	5.89
			12		33.71	26.5	0.571	1 120	2 330	325	539	195	5.78	3.10	2.40	93.5	38.3	31.7	0.374	2.52	5.98
			14		38.97	30.6	0.570	1 290	2 720	370	632	222	5.75	3.08	2.39	108	44.0	36.3	0.372	2.59	6.06
			16		44.14	34.6	0.569	1 440	3 110	412	726	249	5.72	3.06	2.38	122	49.4	40.9	0.369	2.67	6.14
20/12.5	200	125	12	14	37.91	29.8	0.641	1 570	3 190	483	788	286	6.44	3.57	2.74	117	50.0	41.2	0.392	2.83	6.54
			14		43.87	34.4	0.640	1 800	3 730	551	922	327	6.41	3.54	2.73	135	57.4	47.3	0.390	2.91	6.62
			16		49.74	39.0	0.639	2 020	4 260	615	1 060	366	6.38	3.52	2.71	152	64.9	53.3	0.388	2.99	6.70
			18		55.53	43.6	0.639	2 240	4 790	677	1 200	405	6.35	3.49	2.70	169	71.7	59.2	0.385	3.06	6.78

注：截面图中的 $r_1=1/3d$ 及表中 r 的数据用于孔型设计，不做交货条件。